见识城邦

更 新 知 识 地 图　　拓 展 认 知 边 界

万物皆数学

———— ● ————

Everything
is Mathematical

π的秘密
关于圆的一切

Secrets of π:
Why is it impossible to
square the circle?

［西］华金·纳瓦罗（Joaquín Navarro）著

李海亭　译

中信出版集团 | 北京

图书在版编目（CIP）数据

π的秘密 /(西) 华金·纳瓦罗著 ; 李海亭译. --
北京 : 中信出版社, 2021.4 (2023.2重印)
（万物皆数学）
书名原文: Secrets of π: Why is it impossible
to square the circle?
ISBN 978-7-5217-2320-5

Ⅰ.①π… Ⅱ.①华… ②李… Ⅲ.①圆周率—普及
读物 Ⅳ.①O123.6-49

中国版本图书馆CIP数据核字（2020）第191178号

π 的秘密

著　　者：[西] 华金·纳瓦罗
译　　者：李海亭
出版发行：中信出版集团股份有限公司
　　　　　（北京市朝阳区东三环北路27号嘉铭中心　邮编　100020）
承 印 者：北京诚信伟业印刷有限公司

开　　本：880mm×1230mm　1/32　　　印　张：6.75　　　字　数：130千字
版　　次：2021 年 4 月第 1 版　　　　印　次：2023 年 2 月第 3 次印刷
京权图字：01-2020-5636
书　　号：ISBN 978-7-5217-2320-5
定　　价：48.00 元

目录

这个神秘的 3.14159……，穿透了
所有的门窗，沿着烟囱
悄无声息地溜了下来。

奥古斯都·德·摩根
（Augustus de Morgan）

前　言

　　数的世界难以穷尽，永无休止，更糟糕的是，随着我们研究愈加深入，数就愈加复杂。如果想要获取更多的知识，我们就要做好准备，努力思考，此外别无他法。对数的研究形成了数论，现在已经成了数学这棵枝叶繁茂的大树上一根粗壮的枝干。

　　数论将数分为不同的集合，有些集合简单易懂，而其他的集合则非常抽象，例如质数（素数）、过剩数、超越数、有理数、随机数、宇宙数、可计算实数、正规数、实数、超实数、超越数、具象数、复数、伪素数、不可及数、启示之数，甚至还有亲和数等。可以看到，这条分类举例非常长，并且会随着人类探索的脚步的迈进变得越来越长。

　　可是，人类对数的着迷的根源是什么呢？为什么那么多人不喜欢 13 这个数字呢？数字 666 非常令人不安，《圣经》最后一章《启示录》中提到过这个数，因此 666 以兽名数而闻名于世，这个数字为何有这么一个名字呢？我们是怎么断定边长分别为 2166969314861378833054797972928630716401520276869946534608169199233884599269 和 2166969314861378833

i

0547979729286307164015202768699465346081691992338845992697 的三角形必定是直角三角形呢？一些聪明绝顶的研究人员终其一生研究着诸如回文数、四阶数和亲和数等让他们着迷的数字，仿佛着魔一般。

每一种数字都有一串定义，圆周率（π）也不例外。圆周率属于超越数，也有人猜想它属于正规数以及其他数的集合。历史上，圆周率是被研究最多和最受人喜爱的一串数字，它包含大量信息，已经有无数研究它的书籍和文章问世，因此尝试书写有关圆周率的新内容几乎不可能实现。因此，本书只是回顾一下这种严谨并且非常有趣的对圆周率的狂热研究，进而希望能激起大众对于圆周率的一点兴趣。同时，我们也希望有兴趣的读者能更深入探索并且学习到更详细的观点。

很遗憾，正如欧几里得向埃及国王托勒密一世（Ptolemy I）所说的那样："学习几何学没有捷径。"要理解数并在各种数之间游刃有余，需要费一番周折。所以不要希望读几页数学书就会让数学学习变得异常轻松。学习数学不会一蹴而就，正是由于这个原因，学习数学的回报才更加可观。

那么，我们应该在这个无尽的话题上研究多深呢？为什么要计算圆周率的小数点位数？在现实中，知道圆周率的小数点后的前十亿位会有什么用处？圆周率的小数点位数永无止境，而且这些位数似乎没有任何规律可循，可能这种规律并不存在，以我们现在的知识还难以解答这个问题。圆周率的知识有没有极限呢？纯数学经常会被问到纯数学是否有用，也许，德国著名数学家卡尔·古斯塔夫·雅可比（Carl Gustav Jacobi）给出了这种理性探索的最佳诠释。他在 1830 年为这一学科辩解，认为它是"给人类精神以荣耀"的一种方式。这种精神并不是要穷尽一切知识，也并不是说我们的学习永远有用。这种精神要求我们探索数字所表达的一些有趣而奇异的思想，仅仅因为探索知识本身就是一种美的享受，成就了人类的精神荣誉。

第一章

那些想知道，
却不好意思问的关于圆周率的知识

圆周之上，开头与结尾重合。

赫拉克利特

在世界上所有数字中，圆周率，即 π 的名气最大、研究成果最多、最经常被人们提到……但是对于圆周率的研究却一直没有结束。圆周率一般这样开始：

3.1415926535 8979323846 2643383279 5028841971 693993 7510……

精确到圆周率小数点后 50 位的数字已经足够满足世界上几乎所有的计算，在物理学和数学中，需要用到圆周率小数点后 10 位以上小数的问题可以说是凤毛麟角。实际上，3.14 或者 3.1416 这两个近似值已经完全可以满足最基本的运算。

艾萨克·阿西莫夫（Isaac Asimov）曾经总结说："假如宇宙是球形的，直径为 800 亿光年，那么取圆周率小数点后的前 35 位来计算它的天球赤道，得数的误差不到百万分之一厘米。"

如果我们位于地球赤道上的一点，用与本书中字号相同的数字书写，那么现在的计算机所计算出的圆周率的展开值可以环绕地球 500 圈。圆周率的第 17387594880 位开始往后的 10

个数字正好是 0123456789。虽然这个巧合非常有趣，但荷兰著名数学家 L. E. J. 布劳威尔（L.E.J. Brouwer，1881—1966）认为研究这个序列出现的位置和频率没什么价值，因为人类永远不可能算出圆周率小数点后的所有位数。

到了 21 世纪，人们找到了计算圆周率小数扩展值的一个实际用处，那就是用来测试巨型计算机的性能。目前，计算圆周率的小数点位数是最理想的测试计算机性能的方法之一。

方法重塑

当然，圆周率这个数字并非无中生有，它来自简单的观察，即一个圆的圆周（C）与它的直径（d）之间的比值是一个常数：

$$C/d = \pi$$

或者，更常用的公式为：

$$C = \pi d = \pi 2r = 2\pi r$$

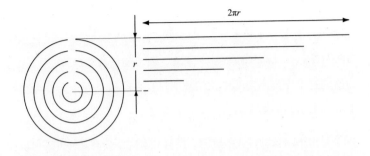

圆的周长与直径之间的比值是一个常数，这是通过直觉和简单观察而得出的一个事实，当直径增加时（直径等于半径 r 的两倍），它与圆周（周长）长度的增加成比例。

通过简单观察我们可以看到这种关系是一个固定的数，因为一个轮子的直径越大，每转一圈，轮子上定点所走过的距离也（成比例地）越长，因此：

圆周的长度 / 圆的直径 = 常数 ≈ 3.14

或者用代数公式来表达，这里 l 表示绕圆一周的距离，而 r 表示它的半径（直径 d 等于 r 的两倍）：

$$l = \pi d = \pi 2r \approx 2 \times 3.14r$$

符号 ≈ 表示"约等于"，圆周率的历史就是探索 3.14 后面数字的旅程。随着探索的深入，这个近似数的误差也越来越小。

数学家将大量的聪明才智用在尽可能准确地计算出圆周率上，他们坚持不懈，不断增加着小数点后的数字。曾经有一段时间，有人认为将来某一天这种努力一定会到达终点。然而到了 1862 年，德国数学家费迪南·冯·林德曼（Ferdinand von Lindemann，1852—1939）给出了一个确定的答案，从而结束了试图算出圆周率小数点后所有位数的期待。这个答案大体上为：圆周率是由无限长的位数组成的，没有且永远不会有某种方法可以找出圆周率的"精确"值，本书中我们会试图解释其中的缘由。

起初，圆周率（π）本身并不为人所知。尽管威廉·奥格特（William Oughtred，1574—1660）、艾萨克·巴罗（Isaac

最早的曲线求长

测量曲线长度称为曲线求长，也许曲线求长最典型的例子就是求圆的周长。

如果一个圆的周长为 p，它沿着一条直线滚动而不会发生滑动，那么它转一整圈的距离就是直径 d 乘以圆周率。这个将周长转变为线段的过程称为曲线求长，通过曲线求长我们得知 $p/d=\pi$。

Barrow，1630—1677）和戴维·格雷戈里（David Gregory，1659—1708）等数学家使用这个字母，直到威廉·琼斯（William Jones，1675—1749）于 1706 年在他的一本《新数学导论》（*Synopsis Palmariorium Mathesios*）中才用以下方式提到了这个常数。π 是希腊字母，是希腊文中"周长"一词的首字母，这个词在希腊语中写作"περι φ ρεια"。后来，数学巨匠莱昂哈德·欧拉（Leonhard Euler，1707—1783），最初使用"c"和"p"，后来也开始使用符号 π 表示圆周率，这个观念才逐渐确定并扩展开来。然而，在 20 世纪的埃及，出于民族主义的原因，这个常数不用 π 而是用阿拉伯字母 *ta* 来表示。

今天，π 在数学中专门用来表示我们所说的这个数字，但这并不是这个字母的唯一用法。例如，π（*x*）用来表示自变量为自然数的函数，即"小于 *x* 的素数的个数"。在数学中一些鲜为人知的研究中，π 也可以代表七格骨牌，如图中所示，它是由 7 个连接在一起的正方形所组成的一种图形。

根据诸如爱因斯坦等专家的观点，常数 π 在对宇宙的描述中是一个关键数字。通过在圆与非圆之间确立一种基本的关

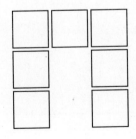

小王子的小行星

每个圆都有一个简单而惊人的特性，对于一个圆来说：

周长 / 直径 = 常数

换句话说，这个分式中分母的因子决定了分子有相同的因子，我们可以用一个简单的例子来说明。在法国作家、飞行员安托万·德·圣-埃克苏佩里（Antoine de Saint-Exupéry，1900—1944）所写的《小王子》(The Little Prince)中，主人公环绕着小行星上的巨型火山行走。我们假定他沿着经线行走，王子身高刚好1米，如果他徒步行走1 000米，那他的头部经过了多少距离呢？从一开始就要记住我们使用的单位是米，因为王子徒步行走了1 000米，那么，

周长的长度 $=2\pi r$

很明显

脚所走过的距离的米数 $=1\,000=2\pi r$

因为主人公身高1米，用 C 表示头部经过的距离，我们可以得到：

$$C=2\pi(r+1)$$

用第二个公式减去第一个公式，我们可以得到：

头部所经过的距离米数－徒步走过的距离米数

$$=C-1000=2\pi(r+1)-2\pi r=2\pi(r+1-r)=2\pi\approx6.28$$

结果是 6.28 米。奇怪的是，在整个计算的过程中，小行星的半径对于这个结果没有任何影响。实际上，无论最初的半径是多少，给最初的半径增加 1 米，周长的长度只能增加 6.28 米。如果小行星的半径是 1 000 千米，当王子走了 1 000 千米的时候，他的头比脚多经过的距离也一样是 6.28 米。

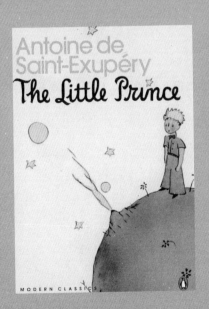

安托万·德·圣-埃克苏佩里所著《小王子》
英语版封面。

系，圆周率就像水面上的一个软木塞，时不时地出现在所有自然现象之中，这些自然现象受到了与曲线形状或者与旋转相关的一些规律的制约。和其他一些常数一样，我们的生活中处处有圆周率的身影。

有许多人，大多数都是数字命理学的狂热分子，他们看到任何地方都有圆周率，好像基于这个数字有一个阴谋理论。这个所谓的精细结构常数 α 与电磁力有关，是这些圆周率崇拜者所钟爱的对象之一。甚至诺贝尔奖得主，量子物理学家沃纳·海森堡（Werner Heisenberg，1901—1976）一直猜测：

$$1/\alpha = 2^4 3^3/\pi$$

然而，海森堡并非独自一人，在整个物理学理论中，还有相似的近似值，例如：

$$\frac{1}{\alpha} = \left(\frac{8\pi^4}{9}\right)\left(\frac{2^4 5!}{\pi^5}\right)^{\frac{1}{4}}$$

$$\frac{1}{\alpha} = 108\pi\left(\frac{8}{1843}\right)^{\frac{1}{6}}$$

这些理论公式涉及圆周率并且有很大价值。

古老的问题

圆周率不仅是圆的周长与直径之间的一个比例常数，而且还是圆的面积与其内接正方形面积比例常数的两倍，我们上学时都学过：

$$A=\pi r^2$$

这即是计算半径为 r 的圆的面积的公式。

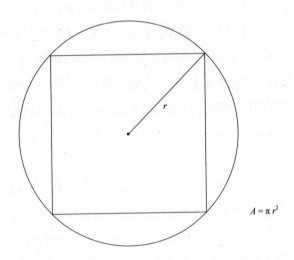

$$A=\pi r^2$$

由于正方形的面积等于边长的平方，初步应用勾股定理（毕达哥拉斯定理）可以推出：

$$\frac{A}{\text{内接正方形面积}} = \frac{\pi r^2}{2r^2} = \frac{\pi}{2}$$

但是，谁能保证这个常数，也就是这个从面积中所推导出的 π 就是与长度有关的 π 呢？看起来它们是同一个 π。然而与我们上学时所学的相反，要证明常数是同一个这一点并非一目了然。古希腊天才数学家阿基米德（Archimedes）解决了我们的疑问。

对于古代数学家来说，最为重要的是画一个正方形，并使它的面积等于圆的面积。这是一个非常实用的问题，因为测量正方形的面积非常简单，而测量圆的面积会有一些困难，只能得出一个近似值。希腊思想家们认为按照他们的思路，可以找到某种绝妙的方法，简单而快速地用尺规作图法做一个正方形，使得它的面积等于一个圆的面积。这正是"化圆为方"的含义，用尺规作图法在有限的步骤内做一个图形并且满足面积相等的要求。数学就按照这个方向向前发展，一直在追寻这个诱饵却永远吃不到。

数百年来，所有的几何学家都试图化圆为方，也就是用尺规作图法准确地找出圆周率的值或给它增加精确的小数以便更接近它的确切值。从代数上讲，"化圆为方"意味着找一个边长为 l 的正方形，并使

$$\pi r^2 = l^2$$

也就是说，必须找到一个 l 并使

$$l= \sqrt{\pi r^2}=r\sqrt{\pi}$$

也就是说用尺规作图法画出 $\sqrt{\pi}$。如果有了 $\sqrt{\pi}$，那么就可以进一步用尺规作图法做出 π。

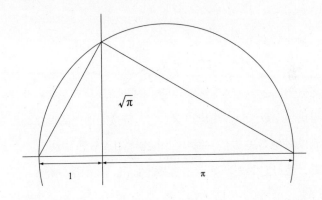

如果我们有了 π 的准确值，我们就可以确定 $\sqrt{\pi}$ 的准确值，最终可以解决"化圆为方"的问题。接下来的核心问题就是一个无望的探索过程，这一探索过程使我们不断进步，但是却永远无法接近目标。曾经有一位几何学家（自然是才华横溢）给 π 增加了一位小数，后来越来越多的数学家迂回前进。

弧度与 π

在数学中，角并不是按照 60 进制的度、分、秒来表示，甚至没有用复杂的梯度（360° 的 1/400）来表示。微积分学（微分、积分等）的出现引出了一种更自然的表示方法，虽然起初看起来非常复杂。1 弧度定义为角所对应的圆周上圆弧的长度等于圆的半径。

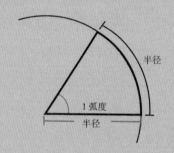

因为圆的周长为 $2\pi r$，整个圆周就是弧度为 2π 的一个圆弧，因此：

1 弧度 =360°/2π（60 进制度数）≈ 57°17'45"

最常见的弧度与角度的对应：

30°=π/6；60°=π/3；90°=π/2；180°=π；360°=2π

圆周率的历史：初创期

《圣经》中的几行诗文给圆周率确定的值为 3。我们不必对这个近似值太过较真，它似乎只是建造一个圆形祭坛的设计图，《圣经》只是用圆周率来解释一个故事，并非要真正计算圆周率，然而对于好奇心强的读者来说，在《圣经·列王纪》中曾说：

> 他又铸一个铜海，样式是圆的，高五肘，径十肘，围三十肘。

这里应用了圆周率值的计算，结果为 π=3，我们将这个结果留给读者。

埃及《林德手卷》（*Rhind Papyrus*）是世界上现存最早的数学文献之一，专家认为它成书于公元前 1650 年左右，这部文献也间接提到了圆周率。第 50 题（共列举了 87 道题）中说道："一块直径为 9 科特（1 科特≈ 50 米）的田地，它的面积等于多少呢？"用现代的术语来表达，面积等于

$$\pi\left(\frac{9}{2}\right)^2 = \pi\frac{81}{4}$$

但是这个手卷提供的计算面积的方法为：

$$\frac{64}{81}d^2$$

这里 d 为直径，因为 d=9，我们可以得到

$$\pi\frac{81}{4}=\frac{64}{81}d^2=\frac{64}{81}9^2=\frac{64}{81}81$$

$$\pi=\frac{256}{81}\approx 3.160493827$$

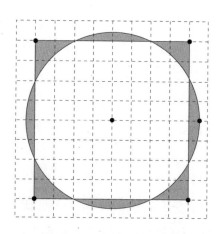

根据埃及作家阿默士（Ahmes），也就是《林德手卷》作者的说法，边长为 8 的正方形的面积等于直径为 9 的圆的面积。

　　然而，这种方法并不如公元前 2600 年在吉萨的埃及人用的方法高明。古埃及人建金字塔时依照的周长与高的比值为 22∶7。研究者认为古代的建筑师们觉得这个比值具有神奇的魔

力。事实上，它就是圆周率的近似值，也许这些古埃及建筑师认为它是一个神奇的数字。假如我们接受这种说法，并且假定周长与高度的比值并非偶然，那么我们会得到

$$\pi=22/7=3.142\cdots\cdots$$

这个数字已经非常接近现代数学家得出的结果。

在巴比伦，进步则显得缓慢。在公元前 2000 年左右古苏萨城的一块石碑上，圆周率的值为 25/8=3.125。

在印度，公元前 9 世纪的梵文文献在实践基础上给出了圆周率的不同值。最精确的取值来自天文计算，《百道梵书》（*Shatapatha Brahmana*）中给出的值为：$\pi=339/108=3.1388\cdots\cdots$

圆周率的历史：阿基米德

现在让我们回到古希腊时代，人类历史上最伟大的思想家之一，叙拉古的阿基米德就活跃在这一时期。虽然没有任何直接的书面记录保留下来，但似乎阿那克萨哥拉（Anaxagoras）在公元 5 世纪时就研究过圆周率。在此我们不会重述阿基米德计算圆周率近似值的方法，因为这个方法冗长烦琐，更适合科学历史学家探讨。我们会用一个更容易理解的方法努力解释，也就是现代极限（*lim*）的概念。首先，如图中所示，我们假定

在一个圆中有一个内接多边形。

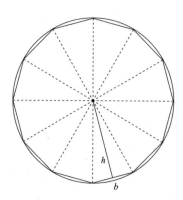

我们可以看到形成了几个底为 b 和高为 h 的三角形。这 n 个三角形的总面积接近但是永远小于围绕着它们的圆的面积。

$$A_n = n（三角形的面积）$$

即

$$A_n = n\left(\frac{1}{2}hb\right) = \frac{1}{2}h（nb）$$

为了使多边形面积等于圆的面积，需要划分出越来越多的三角形，使得 n 趋近于 ∞，

$$\lim_{n\to\infty}A_n = \lim_{n\to\infty}\frac{1}{2}h（nb）= \frac{1}{2}\lim_{n\to\infty}hnb = \frac{1}{2}\lim_{n\to\infty}h \cdot \lim_{n\to\infty}nb = \frac{1}{2}r \cdot 2\pi r = \pi r^2$$

由于

$$\lim_{n \to \infty} h = r$$

所以我们可以得出以下结论：

$$\lim_{n \to \infty} nb = 圆周的长度 =2\pi r$$

阿基米德并不知道现代极限和积分的概念，他只是运用尼多斯的欧多克索斯（Eudoxus，前 400—前 347）所发明的穷举法来进行无限推演。如下图所示，他采用了内接多边形和外接多边形的方法。他给圆设定了一个上限和下限，而圆的面积就在两个多边形的面积之间，随着多边形边数不断增加，它们之间的差也越来越小。

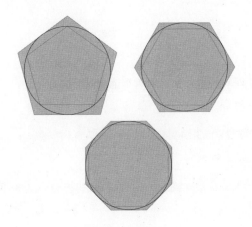

简要介绍一下这个"通向极限的航程"将有助于我们理解圆的面积为什么是 πr^2：

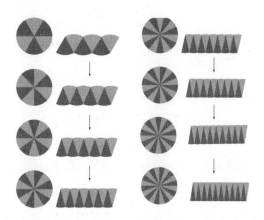

我们做一个曲线菱形，并使它越来越扁。在一般的菱形中，面积等于底乘以高。高越来越接近于半径 r，底趋近于圆周的一半（周长的一半）。面积越来越接近于

$$r\frac{l}{2}=r\frac{2\pi r}{2}=r\pi r=\pi r^2$$

在圆周率的值方面，阿基米德得到了两种结果，

223/71=3.140845······<π<22/7=3.142857······

这个结果非常准确，令人难以置信是出自 2 000 多年前的人之手。

叙拉古的阿基米德（约前 287—前 212）

古希腊工程师、物理学家、天文学家和数学家阿基米德被认为是古代最伟大的科学家和历史上最伟大的思想家。他的成就让他获得了只有牛顿、高斯、冯·诺依曼等才可以匹配的地位。作为一位工程师和物理学家，阿基米德发明了以自己的名字而命名的螺旋泵、抛物面镜、杠杆系统和滑轮的各种应用方式，以及其他。他最为大众所熟知的贡献在流体静力学方面，被称为阿基米德定律或者浮力定律。灵光一闪发现此定律时，阿基米德光着身子从浴盆中跳出来，叫喊着："我找到了!"这幅画面现在已经成为人类数学发展史上的一个标志性的时刻。

作为一位数学家，阿基米德的成就难以尽数：除了圆周率的近似值，他发现了许多几何形状（球体、圆柱体、抛物线和螺旋线等）的周长、面积，以及体积或者重心的计算公式，他研究过丢番图方程，帮助构想并且算出许多数字等等。

阿基米德死于叙拉古围城战，在这场战争中守城方用他发明的机械抵抗罗马军队的进攻，最终却于事无补。根据普鲁塔克的记述，阿基米德呵斥了一名闯入并要烧掉他图纸的罗马士兵。士兵一怒之下用剑杀死了这位大师。普鲁塔克说阿基米德之死震动了罗马指挥官，这位指挥官认为阿基米德将是一份价值非凡的"战利品"。阿基米德的坟墓上画着一个球体，内接在一个圆柱体中，还有它们的体积之比以及面积之比，当然这也是他的发现。

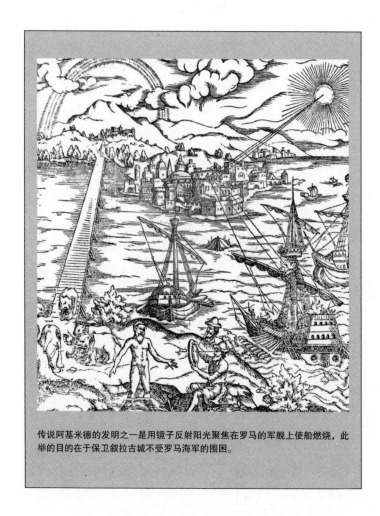

传说阿基米德的发明之一是用镜子反射阳光聚焦在罗马的军舰上使船燃烧，此举的目的在于保卫叙拉古城不受罗马海军的围困。

数百年后，阿基米德发现的方法成了公认的方法。这种方法自然、容易理解而且直截了当，堪称几何学智慧的奇迹。实际上，阿基米德找到了一种可以准确计算出圆周率值的算法。

现在这种算法已经被应用于计算器、计算机进行的重复运算中。此算法规定：如果 n 是圆的外接或者内接多边形的边数，而 a_n 和 b_n 分别是这两个多边形的周长，

$$a_{2n} = \frac{2a_n b_n}{a_n + b_n}$$

$$b_{2n} = \sqrt{a_{2n} b_n}$$

这就是阿基米德算法，其本质是一个递推公式，随着 n 的加大，圆周率的值会越来越精确。在任何情况下：

$$a_k > \pi > b_k$$

阿基米德算法，从正六边形开始，$a_6 = 4\sqrt{3}$ 而 $b_6 = 6$，按照顺序排列为：

$$3.00000 < \pi < 3.46410$$

$$3.10583 < \pi < 3.21539$$

$$3.13263 < \pi < 3.15966$$

$$3.13935 < \pi < 3.14609$$

$$3.14103 < \pi < 3.14271$$

阿基米德所给出的近似值来自一个九十六边形的不等式，用有理数来表达。

圆周率的历史：阿基米德之后

到公元前 20 年，罗马著名建筑师、军事工程师和作家马库斯·波里奥·维特鲁威（Marcus Pollio Vitruvius，前 85—前 20）撰写了专著《建筑十书》（*De Architectura*，共 10 卷），现代人一般称他为维特鲁威。在这本书中，他采用了美索不达米亚的圆周率取值 π=25/8。维特鲁威采用给轮子上做标记的实证方法来计算圆周率的值。然而，他之所以出名并不是因为计算出了圆周率，而是因为他出现在了达·芬奇的画作《维特鲁威人》中，这幅画作给出了人体的比例关系。尽管名声显赫，但维特鲁威并没有在阿基米德的基础上取得进步。

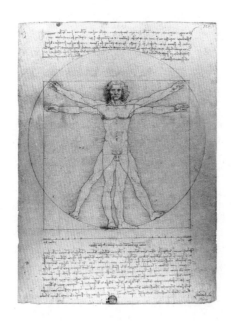

《维特鲁威人》，或称《罗马建筑师提出的人体比例》，是列奥纳多·达·芬奇的名作。

24

　　然而阿基米德之后并非没有进步，托勒密（Ptolemy，约100—170）用一个分式计算出 π=377/120=3.141666……。他是一位出生于希腊，希腊化的埃及人，同时是一位天文学家、占星家和地理学家。为了得到这个数值，他采用了一个 120 条边的多边形，计算结果为 π=3+17/120，总的来说是一个几乎完美的结果。不管怎样，后世却并没有给予他相称的荣耀。然而对于他的另一部作品《天文学大成》（Almagest，书名直译为"伟大的条约"），后世却给了较高的荣誉。这部作品试图对已知的一切进行解释，其中包括现已声名狼藉的宇宙地心说，这一学说一直被人们奉为圭臬，直到 1300 年后哥白尼的出现。

　　很多人在关注圆周率在西方世界的发展时，淡化了巴比伦、古希腊、古罗马和古埃及以外其他古老文明的成就。在西方文明研究圆周率的时候，地球上其他地区的情况如何呢？

　　例如，在中国，秦汉之前的古人曾探索性地对圆周率进行了计算，认为圆周率的值为 3。此后涌现的杰出数学家对圆周率进行了进一步计算。张衡（78—139）在做其他研究的同时（他同时献身于天文学和数学，甚至发明了地震探测仪器），在《灵宪》中记录了圆周率的近似值为 π=736/232=3.1724……。在注释《九章算数》计算球体内接正方体的体积时，张衡采用的圆周率的近似值为 π= $\sqrt{10}$ =3.162277……

　　王蕃这个名字现在因为以其所命名的某种畸形而出名，即天生脚底后仰被称为王蕃脚。然而这名活跃于三国时代的政治家的脚实际上并非畸形，他对数学非常感兴趣，而且计算出了圆周率小数点后的几位数字。公元 250 年他给出了圆周率的近似分数表达式 $\pi=142/45=3.155555\cdots\cdots$

数学家刘徽（约 225—约 295）于 263 年在注释《九章算术》时留下了其数学思想，我们现在以此了解到他的生平和成就。在这些注释中，我们发现了一个反复出现的公式。如果已经知道了有 $3\times2^{k-1}$ 条边的正多边形边长，用这个公式可以计算有 3×2^{k} 条边的正多边形的边长。刘徽建议用 $\pi\approx3.14$ 的近似值，他还做了进一步的计算并得出 $\pi=3.141592104\cdots\cdots$，这表明他已经计算到了有 3072 条边的多边形。

1999 年密克罗尼西亚联邦发行的一张邮票，说明了中国数学家刘徽所给出的计算圆周率的方法。

数百年后，发明历法的科学家和数学家祖冲之（429—500）发明了一种值得称许的方法计算圆周率：

$$3.1415926 < \pi < 3.1415927$$

他甚至建议做简单计算时使用 22/7，而进行复杂运算时使用 355/113。

接下来我们暂时离开中国前往印度。在印度，圣人之首阿耶波多（Aryabhata，476—550）借助于 384 条边的多边形得到圆周率的值为 3.1416。

婆罗摩笈多（Brahmagupta，598—665）无疑是印度最有天赋的数学家之一，编著了长卷本《婆罗摩历数书》，在这本著作中我们再次发现 $\pi = \sqrt{10} = 3.162277\cdots\cdots$

直到 12 世纪，我们才再次在婆什迦罗（Bhaskara II，1114—1185）的手中发现了更精确的结果，记录在他的著作《莉拉瓦蒂》（Lilavati）中的《教师》一章。这本书以他女儿的名字为题。仅仅从这本书的价值就可以看出他的女儿一定美若天仙，因为她的名字就是"美貌"的意思。婆什迦罗给出的圆周率的近似值为 $\pi \approx 3927/1250 = 3.1416$。

西方人现在的记数体系，数位和十进制，包括数字 0、1、2、3、4、5、6、7、8、9 都起源于印度-阿拉伯。西方人通常并不太在意这个事实，但它却是西方商业发展的基础。古代西方人将这种方法引入西方竞争文化之中使得人人都可以学会算术。

印度-阿拉伯数字最初在 974 年至 976 年出现在西班牙的《阿尔贝尔登法典》(*Codex Albeldensis*)，结合编纂僧侣的名字而又叫《维吉拉努斯法典》(*Codex Vigilanus*)。

这本书并不是叙述印度-阿拉伯数字变迁的最佳选择，但是我们知道我们的记数方法就来源于此。有趣的是这些数字以及与其相关的记数系统直到 10 世纪才传到欧洲，出现在比萨的莱昂纳多（Leonardo，1175—1250）——更多人称他为斐波那契（Fibonacci）——所编著的《珠算原理》(*Liber Abaci*) 一书中。这些数字很快受到欢迎并得到推广，特别是在商人中间颇为流行。与梦魇般的罗马数字相比，新的记数体系计算简单，乘法和除法使得计算进一步简化，人类文明渐渐向前迈进了一大步。

在圆周率的历史上斐波那契承前启后，1220 年他在自己的一部著作《实用几何学》(*Practica Geometricae*) 中给出圆周率的近似值为 3.141818，他采用的方法与阿基米德相同，不过稍微便捷一些。

但是我们先不要走得太远。我们必须先驻足于伊斯兰世界的领军人物阿卜杜·阿卜杜拉·穆罕默德·本·米苏萨·阿勒·赫瓦利斯姆（约 780—850）门前。他的名字也叫阿尔·尤里斯基。无论如何，"算法"一词就起源于这位波斯数学家的名字。他的一本著作题为《配方与平衡运算简明手册》（*The Compendious Book on Calculation by Completion and Balancing*）。这本著作完全导致了代数学（这个词同样来自阿拉伯语）的出现。他的著作传到西方之后，立刻产生了非凡的影响。阿勒·赫瓦利斯姆一般建议简单计算采用的圆周率值为 3.14，大规模的天文计算采用的圆周率值为 3.1416。

另一位居住在撒马尔罕帖木儿大帝宫中的波斯人贾姆希

带有英雄特征的阿勒·赫瓦利斯姆肖像装饰着 1983 年苏联发行的一枚邮票。苏联人认为他是一位乌兹别克人，因为他出生在现在的乌兹别克斯坦。

德·阿勒·卡西虽然没有计算出圆周率的值，却计算出圆周率两倍的值，他的计算采用的是六十进制。这种记数法用 60 进位，所以我们写作 $1/60 = 0.1$，$1/60^2 = 1/360 = 0.01$，依次类推。他计算了九位数字，转换成十进制后近似值对应于圆周率的第 16 位小数。阿勒·卡西是这样计算的：

$$2\pi = 6 + \frac{16}{60} + \frac{59}{60^2} + \frac{28}{60^3} + \frac{1}{60^4} + \frac{34}{60^5} + \frac{51}{60^6} + \frac{46}{60^7} + \frac{14}{60^8} + \frac{50}{60^9} + \cdots\cdots$$

他运用有 3×2^{28} 条边的多边形。这个值超过了印度桑迦马格拉玛的马德哈瓦（Madhava，约 1340—1425）早些年也就是 1400 年所得到的圆周率的第 13 位小数。然而，马德哈瓦的计算具有原创性，他首次使用级数来表示无限长的数字，采用纯数学方法计算圆周率。马德哈瓦公式正是西方历史上流传下来的所谓"莱布尼茨公式"，只是马德哈瓦发现得更早。

$$\frac{\pi}{4} = 1 - \frac{1}{3} + \frac{1}{5} - \frac{1}{7} + \frac{1}{9} - \cdots\cdots$$

这个级数的收敛性非常弱，想要得到合适的结果，必须加减数千项，马德哈瓦将它转换成了

$$\pi = \sqrt{12}\left(1 - \frac{1}{3 \cdot 3} + \frac{1}{5 \cdot 3^2} - \frac{1}{7 \cdot 3^3} + \cdots\cdots\right)$$

他用此方法计算出了圆周率的值。

1573年，德国人瓦伦丁·奥托（Valentin Otto，约1545—1603）是哥白尼的一位崇拜者，建议采用 π = 355/113≈ 3.1415929……，但是与后来的结果相比，这个根本算不上什么。尽管得到这个结果，显示出了聪明才智，却没有人因此而对他赞誉有加。法国人弗朗索瓦·韦达（François Viète，1540—1603）所计算出的圆周率小数点后第9位也并没有什么非凡之处。为了得到这个结果，他采用了阿基米德的方法，并且用了一个有 393 216（6×2^{16}）条边的图形。他为了计算圆周率的值所推导出的公式难以采用，因为它涉及连续的开平方运算。用现代符号表示，韦达的计算过程可以写为：

$$\pi = 2 \cdot \frac{2}{\sqrt{2}} \cdot \frac{2}{\sqrt{2+\sqrt{2}}} \cdot \frac{2}{\sqrt{2+\sqrt{2+\sqrt{2}}}} \cdot \frac{2}{\sqrt{2+\sqrt{2+\sqrt{2+\sqrt{2}}}}} \cdot \cdots\cdots$$

得出这个公式以及其他公式的过程将在第四章详述。

韦达的对手和朋友，荷兰几何学家阿德里安·范·罗门（Adriaan van Roomen，1561—1615），也叫阿吉那斯·罗马努斯（Adrianus Romanus），因为在那时的历史文化中，所有著名人物的名字都有拉丁语形式。他比韦达付出了更多的努力研究阿基米德的多边形法。他在1593年采用 2^{30} 条边的多边形将圆周率的位数精确到了小数点后16位，从而给人留下了深刻印象。

但是如果说范·罗门的研究令人敬畏，那么鲁道夫·范·科

弗朗索瓦·韦达

韦达不是一名全职数学家，大多数时候他是一位律师。在亨利四世登上法国王位之后，韦达成为一名宫廷大臣，并且成为国王核心集团的成员。他的名望有一定的传奇色彩，据说他是密码学的一位先驱，因为他能够破解他主人的敌人，即西班牙国王腓力二世所发送的加密信息。西班牙国王甚至因此认为"邪恶"的法国国王与魔鬼签订了某种协议，所以才能提前知道西班牙的外交行动。韦达是一位优秀的几何学家，但是他在代数方面更为优秀，主要钻研三角学和方程求解。更为重要的是他提出了现代代数概念，这些概念对口头和书面的传统进行了革命，从而推动了科学的进步。他和阿德里安·范·罗门曾经是死敌，后来又通过交流成了朋友。罗门提出了相切圆问题以及阿波罗尼奥斯问题（Problem of Apollonius）。

阿波罗尼奥斯问题给出了三个圆，要求找出与这三个圆相切的所有圆。传统上认为解决这一问题可以只用尺规作图法来解决。一般来说，总共有八个不同的圆与它们相切。

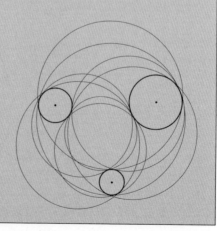

伊伦（Ludolph van Ceule，1540—1610）又如何呢？这位德国人是圆周率研究史上真正的奇人，他于1596年首次将圆周率精确到了小数点后20位，后来又增加到35位：

$$\pi = 3.14159265358979323846264338327950288\cdots\cdots$$

范·科伊伦名气非常之大，以至于在许多国家圆周率被称为鲁道夫数。他对圆周率的痴迷也贯穿始终，连在莱顿市他的墓碑上都刻着他所钟爱的数字。第二次世界大战时期他的坟墓被毁掉，范·科伊伦对圆周率的情感的象征也因此消失了。在第五章我们会说到，他的墓在2000年得以重建，上面有闪闪发光的数字。范·科伊伦坚持不懈的精神值得称赞。

威理博·斯奈·范·罗廷（Willebrord Snel van Royen，1580—1626），又名斯奈尔（Snell）或者斯涅尔（Snellius），是范·科伊伦的学生。他因为在1621年发现了折射定律而闻名于世。这个定律现在又名斯奈尔定律，它说明了光的折射度与折射材料之间的关系，是现代几何光学的基础。斯奈尔同时又是一位思想敏锐的天文学家，1617年他发表了测量地球的一种方法。作为一名数学家，他同时研究了圆周率的计算方法，正确地计算出了圆周率小数点后的35位数。这一结果于1621年发表在《测圆法》（Cyclometricus）中。取得这一结果的方法是在阿基米德方法的基础上的一个明显进步。后来著名的克里斯蒂安·惠更斯（Christiaan Huygens，1629—1695）对斯奈尔的计算进行了细化。

1630 年，天文学家克里斯托夫·格里博格（Christoph Grienberger，1561—1636）打破了那时圆周率的精确纪录，计算到了小数点后 39 位。后世用他的名字来命名一个月球陨坑以示纪念，此举是对一位勤劳的天文学家最合适的纪念。

流言蜚语和数学分析

戈特弗里德·莱布尼茨（Gottfried Leibniz）和艾萨克·牛顿（Isaac Newton）这两个名字在科学领域中意味着不朽的地位，因为他们开创了无穷小分析，或者说微积分。微积分是许多数学初学者的痛苦之源。通过征服无穷大，莱布尼茨和牛顿带领数学家们进入了一个充满新奇潜力的美妙世界，更重要的是教会了他们如何从有限走向无限，并且带着重要的成果满载而归。许多伟人，如富有远见卓识的阿基米德都曾漫步在这条道路上，莱布尼茨和牛顿也紧随其后，爬到了他们的肩膀上并且指出了进出未知世界的大门。

幂级数和积分是应用数学分析中最基本的技巧。计算圆周率不再是简单的测量多边形的问题，现在它成了一个纯粹的数学问题，需要推理小说女王阿加莎·克里斯蒂笔下聪明绝顶的大侦探赫尔克里·波洛用他所谓的"小小的灰色脑细胞"去不断探索了。

戈特弗里德·莱布尼茨（1646—1716）

　　莱布尼茨是一个具有多重性格特征的人，用如此有限的篇幅总结像他这样的人的最重要的特点非常困难。例如，他的全部作品有 25 卷，估计共有 20 万页。这位伟大的思想家出生于莱比锡，他专注于各种不同的领域：法律、外交、数理逻辑、宗教、历史编纂、东方学、二进制算术、伦理学、物理学、生物学和工程学，而他最重要的贡献也许是无穷小以及积分学。

　　莱布尼茨是一位神童，他博览群书，而且能够异常轻松地解决判例法和外交问题。他创办了历史上第一个科技期刊《博通学报》（*Acta Eruditorum*），并在上面发表了自己的某些发现和研究结果。

　　他天生就对符号具有某种程度的第六感，在他给我们留下的各种符号中有现在广泛使用的积分符号（∫）和微分符号（*dx*），以及"生命力"等表达方式。他一生有一段时间陷入了与牛顿的支持者们（伟人牛顿自然是这些支持者的后台）的无意义争议之中，争议的焦点是他和牛顿到底谁发明了微积分。现在，我们认为他们两人各自独立而且几乎同时发明了微积分，完全是一种巧合。对于数学家莱布尼茨，我们还必须知道，他为数理逻辑、机器人、二进制算法和拓扑学（他本人称之为位置分析）做出了重要的贡献。

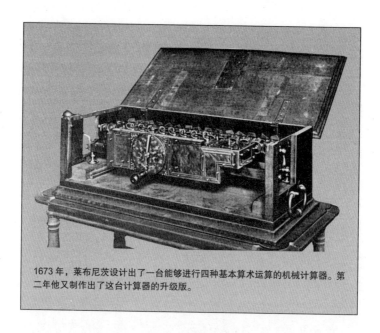

1673 年，莱布尼茨设计出了一台能够进行四种基本算术运算的机械计算器。第二年他又制作出了这台计算器的升级版。

牛顿和莱布尼茨间持续不断而又毫无意义的关于到底谁最先发现微积分的争执给他们都带来了许多流言蜚语。我们先将这些争议放置一边，关注具体的成果。

到了 1665 年，也就是伦敦大火的前一年，牛顿的大脑显然处于闲暇之中，因为一年后他说自己花了一些时间来计算圆周率，而且纯粹是因为"他那时候无事可做"。无论如何，他留下了二项式公式而且发现了以下级数，并采用这个级数计算出了圆周率小数点后第 16 位的精确数字。

$$\pi = \frac{3\sqrt{3}}{4} + 24\left(\frac{1}{12} - \frac{1}{5\cdot 2^5} - \frac{1}{28\cdot 2^7} - \frac{1}{72\cdot 2^9} - \cdots\cdots\right)$$

与他在其他领域中的研究情形相同，牛顿并不认为这一结果非常重要，因此这个结果并没有被他记录在任何著作中，这个结果直到他死后才得以发表。沿着天才人物的足迹前行，总是非常有趣，所以我们继续追随牛顿的脚步前行。

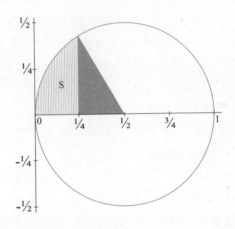

图中的扇形部分的面积为π/24，这个图形将圆的面积分成了6等份。如果我们减去其中的三角形的面积，也就是√3/32，我们就会得到圆的面积中标为 S 的图形面积。这个位置上的圆的方程式为：

$$y^2 + x^2 = x$$

艾萨克·牛顿爵士（1642—1727）

虽然牛顿作为物理学家和数学家的名望最高，但他还有很多其他方面的才能，例如炼金术、神学、政治和天文学等等。无论如何，他是历史上最重要的科学家之一。

他的主要著作《自然哲学的数学原理》（*Mathematical Principles of Natural Philosophy*）发表于 1687 年，在其家人施加的压力下付梓，从这一点可以看出牛顿不善表达、孤僻的一个侧面。他的两个最出名的科学贡献，万有引力定律（传说有这一发现是因为一个苹果落在了他的花园中）和微积分都包含在这本书中。他对物理学的贡献还包括色彩理论和衍射，发明反射式望远镜，以及光的微粒学说。他还提出了线性动量守恒定律和角动量守恒定律。在天文学方面，他对行星运动和轨道性质做了精辟的研究。在纯数学中，除了提出支配一切的微分和积分外，他还发现了许多幂级数、二项式定理、误差传递和函数零点的逼近。

在生命的最后几年，牛顿作为一位议员却在议会中一言不发（他最令人难忘的发言就是抱怨一股冷风从议会大厅穿堂而过，并要求关上窗户）。他将余热献身于皇家铸币局的监管工作，从而将几位货币伪造者送上了断头台。他一直认为他在炼金术和神学（他暗地里是一位信奉基督一性论的异端）方面的发现会在他身后经久不衰。虽然牛顿生前被奉若神明，与他同时代的人却并不喜欢他。他死后葬于威斯敏斯特教堂，生前处心积虑博来的名声和地位很快就一落千丈。

威廉·布莱克（William Blake，1757—1827）创作的牛顿画像。亚历山大·蒲柏（Alexander Pope，1688—1744）用诗歌褒扬了这位伟大的科学家和他的影响力："自然和自然的法则躲在暗夜中：上帝说'让牛顿降临人间！'一切将重现光明。"

用这种形式配方后为 $y^2=x(1-x)$ 或者 $y=\sqrt{x(1-x)}=x^{\frac{1}{2}}(1-x)^{\frac{1}{2}}$。采用牛顿自己发明的积分，可以得到：

$$S=\int_0^{\frac{1}{4}}x^{\frac{1}{2}}(1-x)^{\frac{1}{2}}dx=\int_0^{\frac{1}{4}}x^{\frac{1}{2}}\left(1-\frac{x}{2}-\frac{x^2}{8}-\frac{x^3}{16}-\frac{5x^4}{128}-\cdots\cdots\right)dx=$$

$$=\int_0^{\frac{1}{4}}\left(x^{\frac{1}{2}}-\frac{x^{\frac{3}{2}}}{2}-\frac{x^{\frac{5}{2}}}{8}-\frac{x^{\frac{7}{2}}}{16}-\frac{5x^{\frac{9}{2}}}{128}-\cdots\cdots\right)dx$$

牛顿的同胞亚伯拉罕·夏普（Abraham Sharp ，1651—1742）采用天文学家埃德蒙特·哈雷（Edmund Halley ，1656—1742）给出的以下公式：

$$\frac{\pi}{6} = \text{arc tan} \frac{\sqrt{3}}{3}$$

另一位英国人，詹姆斯·格列高利（James Gregory，1638—1675）也做出了一项重大奉献，推导出：

$$\text{arc tan}\ (x) = x - \frac{x^3}{3} + \frac{x^5}{5} - \cdots\cdots$$

他得出了一个级数，这个级数我们今天写成以下方式：

$$\pi = \sum_{k=0}^{\infty} \frac{2(-1)^k 3^{1/2-k}}{2k+1}$$

夏普用这个级数于 1699 年将圆周率精确到了小数点后至少 71 位，实际上他计算到了 72 位，但是最后一位出现了错误。当然这也情有可原，因为他的级数中大约有 300 项。

我们还应该说明在 1667 年格列高利曾试图——但并没有成功——证明化圆为方不可能实现。

数年之后的 1706 年，天文学教授，后来成了皇家学会秘书的约翰·梅钦（John Machin，约 1686—1751）发表了现在以他的名字而命名的一个公式：

$$\frac{\pi}{4} = 4 \arctan \frac{1}{5} - \arctan \frac{1}{239}$$

为了达到这一结果，他采用了以下步骤：

詹姆斯·格列高利

不要将詹姆斯·格列高利与他的侄子戴维·格列高利混淆在一起，这一点非常重要。戴维也是一位数学家，同时也是牛顿的朋友，并且主张用符号 π 表示圆周率。在天文学史上提到詹姆斯时，会说他是反射式望远镜的发明者之一。他同时对三角函数（包括正弦函数、余弦函数和正切函数，以及它们的反函数，反正弦函数、反余弦函数和反正切函数）的幂级数数学分析做出了贡献。所谓的格列高利或者说格列高利–莱布尼茨级数实际上最早由印度人马德哈瓦首先发现，这个公式为：

$$\theta = \tan\theta - \left(\frac{1}{3}\right)\tan^3\theta + \left(\frac{1}{5}\right)\tan^5\theta - \cdots\cdots$$

它在 π/4 和 –π/4 之间收敛（有效）。格列高利是第一位怀疑化圆为方不可能实现的学者。

$$\tan\alpha = \frac{1}{5}$$

$$\tan 2\alpha = \frac{2\tan\alpha}{1-\tan^2\alpha} = \frac{5}{12}$$

$$\tan 4\alpha = \frac{2\tan 2\alpha}{1-\tan^2 2\alpha} = \frac{120}{119}$$

$$\tan\left(4\alpha - \frac{\pi}{4}\right) = \frac{\tan 4\alpha - 1}{1+\tan 4\alpha} = \frac{1}{239}$$

通过反函数, 我们可以得到:

$$4\alpha - \frac{\pi}{4} = \text{arc tan tan}\left(4\alpha - \frac{\pi}{4}\right) = \text{art tan}\frac{1}{239}$$

从这个表达式开始, 这个公式可以与以前的结果相互结合

$$\text{arc tan}\,(x) = x - \frac{x^3}{3} + \frac{x^5}{5} - \cdots\cdots$$

由此可以导出快速收敛的级数, 而梅钦就是用这个级数计算出了圆周率小数点后的 100 位数。无疑梅钦公式的突出优点在于它从形式上看是一个三角函数, 但是却很快能够转换成级数。后面我们讨论扎卡赖亚斯·达斯的时候, 我们会看到梅钦公式进一步的奇特之处。

今天，梅钦类公式已经是十分成熟的工具，而且许多人也进行了发展，但是梅钦却是打开这个大门的第一人。

《百科全书》（*L'Encyclopédie*）第一版第 9 卷收入了托马斯·梵尼特·德·拉尼（Thomas Fantet de Lagny，1660—1734）的作品，他是一位水文地理学教授和数学家，在 1719 年计算出了圆周率小数点后第 112 位。这位法国人采用的是与夏普同样的幂级数。

难以抵制的挑战

托马斯·梵尼特·德·拉尼，数学家，其父是格雷诺贝尔的一位皇家官员，母亲是一位医生的女儿。他出生在法国城市里昂。他以在计算数学方面的贡献而闻名于世。他因为数学方面的两项成就而在史上留名。第一项成就是他正确地计算出了圆周率小数点后第 112 位，并且对其所采用的级数的收敛性进行了有用的评价。当时，这是世界上这一特定的科学领域内最准确的估算。第二项成就显得稍微逊色一些，而且令人不敢相信。据说他的同事莫佩尔蒂在德·拉尼临死前去看望他，发现他已经奄奄一息。为了确认德·拉尼的生死，莫佩尔蒂低声问："12 的平方值是多少？"没有任何一位数字方面的人物能够抵挡得了这样的挑战的诱惑，躺在床上的德·拉尼几乎从床上跳了起来，用沙哑的声音回答"144！"然后倒下，彻底死了。

实际上，德·拉尼计算出了小数点后的127位，但是只有前112位是正确的，斯洛文尼亚军人和数学家尤吉伊·韦加或者韦哈（Jurij Vega\Veha，1754—1802）的研究纠正了德·拉尼的错误。在德国，他被称为格奥尔格·冯·韦加男爵，因为在他人生的最后时期，他被授予了奥地利帝国男爵爵位，然而这个爵位并没有带给他好运，成为男爵后不久他就被几个抢劫犯杀死了。1794年，韦加采用梅钦类公式——已经被欧拉推导出来——计算出了小数点后137位的准确数值，这一次没有任何错误。这个公式为

$$\frac{\pi}{4} = 5 \arctan \frac{1}{7} + 2 \arctan \frac{3}{79}$$

斯洛文尼亚一张50托拉尔的银行钞票正面上印有尤吉伊·韦加的头像，以及几何图形和月相变化。背面，在太阳系图片的左侧是位于卢布尔雅那的科学院建筑的正面。

1760 年到 1800 年期间，几位共同发现者揭示了圆周率的几个事实。因此，双曲线几何学的创立者，约翰·海因里希·兰伯特（Johann Heinrich Lambert，1728—1777）在 1761 年或 1767 年（这个时间并不确定）表明圆周率是一个无理数，而阿德里安-马里耶·勒让德（Adrien-Marie Legendre，1752—1833）也得出结论说圆周率的平方也是无理数。然而，也许更重要的是：

约翰·海因里希·兰伯特

这位德国人是数学家、天文学家和医生。他首先发明了实用的湿度计和光度计。他首次表明圆周率是一个无理数，虽然他对数学的贡献不限于此。他研究过双曲线函数并将它们与非欧几里得几何联系了起来。他对映射的贡献也非常出名，比如以他的名字来命名的映射。虽然他出身卑微，自学成才，然而对于自己才华的评价却毫不谦逊。腓特烈二世提拔他到柏林科学院的时候，曾经问他研究哪些学科。他回答："所有学科。"事实也的确如此。国王带着嘲弄的口吻继续问道："那么，你也懂数学？""对。"他回答。腓特烈二世有些生气，继续问道："谁是你的老师？""我自己，陛下。"国王不信，转而讽刺道："哎呀！我们这里又出了一位帕斯卡。""起码也算是吧。"兰伯特证明圆周率是一个无理数的过程并不难理解，但是却具有独创性。兰伯特采用连续分数证明（这是证明过程中比较难的地方）如果 x 是一个非零有理数，那么它的正切就是无理数。由于 $\tan(\pi/4)=1$ 是一个有理数，因此 π 一定是一个无理数。

数学巨匠莱昂哈德·欧拉除了推导出圆周率一个又一个的级数，还说明它是一个超越数。这个结论甚至出现在 1840 年约瑟夫·刘维尔（Joseph Liouville，1809—1882）证明存在超越数之前，是欧拉找到的第一个超越数！

在探讨圆周率的小数位时，我们忽略了欧拉的贡献，因为他从来没有取得破纪录长度的位数，而且我们这里并没有给出一个无限长的列表。虽然这并不是我们一开始就要讨论的内容，但我们注意到这位瑞士数学家运用自己对梅钦公式的理解曾经在一小时内计算出了圆周率小数点后 20 位。

1841 年，威廉·卢瑟福（William Rutherford，1798—1871），在梅钦公式的基础上得出：

$$\frac{\pi}{4} = 4\arctan\frac{1}{5} - \arctan\frac{1}{70} + \arctan\frac{1}{99}$$

他计算到了小数点后 208 位，其中前 152 位是正确的。1853 年，他继续前进，运用梅钦公式计算出了 440 位小数，创造了新的纪录。

约翰·马丁·扎卡赖亚斯·达斯，或达色（Johann Martin Zacharias Dase\Dahse，1824—1861）在数学史上有特殊的地位。他的一位朋友，L. K. 舒尔茨·冯·斯塔拉斯尼斯基（L. K. Schulz von Strassnitzky，1803—1852）给出了以下的梅钦公式：

$$\frac{\pi}{4} = \arctan\frac{1}{2} + \arctan\frac{1}{5} + \arctan\frac{1}{8}$$

达斯在 1844 年计算出了圆周率小数点后的 200 位。令人惊奇的是他只是在大脑中计算，而且仅用了两个月。他的计算能力令人难以置信，可以说是人体计算机。高斯是那个时代最著名的数学家，他自己甚至建议权威人士雇用达斯来为他们计算。实际上，有人拨款来研究有 N 个数字的因子——7 000 000<N<10 000 000——达斯接受了这个任务，但是还没有完成就去世了。而且，他是"低能特才"的典型代表，对于数字有神奇的天赋，能够产生惊人的记忆力，但是在其他任何方面都非常愚蠢。例如，他能够在不到一分钟的时间内计算出两个 8 位数的乘积。对于 100 位数字，他用的时间更长一些，大约 9 个小时。他数数时可以过目不忘，无论是羊、字母

什么是超越数？

一个数如果是以下多项式方程的一个解，就可以称其为代数数：

$$a_n x^n + a_{n-1} x^{n-1} + \cdots + a_1 x + a_0 = 0$$

系数分别为 a_n，$a_{n-1} \cdots a_1$，a_0，所有的系数都是有理数，在高等数学中可以证明按照游戏规则（即在有限步骤内仅用直尺和圆规）构建的每一个规矩数，一定是一个代数数。一个非代数数就称超越数，即无限不循环数，不是代数数。

还是多米诺骨牌。在这一层意义上，作家和科学家亚瑟·查理斯·克拉克（Arthur C. Clarke）曾经写信与古生物学家斯蒂芬·杰伊·古尔德（Stephen Jay Gould）探讨，在大脑中计算出圆周率小数点后的前 200 位的能力对于物种进化有何意义。

1847 年，丹麦自学成才的天文学家和数学家托马斯·克劳森（Thomas Clausen，1801—1885）采用了两个梅钦公式：

$$\frac{1}{4}\pi = 2\,\text{arc}\,\tan\frac{1}{3} + \text{arc}\,\tan\frac{1}{7}$$

$$\frac{1}{4}\pi = 4\,\text{arc}\,\tan\frac{1}{5} - \text{arc}\,\tan\frac{1}{239}$$

最终精确计算出圆周率小数点后 248 位。他也在计算中出现了错误，但是错误已经靠近结尾，因为他实际上计算了小数点后 250 位。

1853 年，他的一位德国同事雅各·海因里希·威廉·莱曼（Jacob Heinrich Wilhelm Lehmann，1800—1863）精确计算出了小数点后 261 位，从而获得了数学名望和不朽的地位，足以配得上以他的名字而命名的月球陨坑。第二年，德国教授里克特计算出了 330 位，后来又计算到了 400 位，并且最终到了 500 位。

英国业余数学家威廉·尚克斯（William Shanks，1812—1882）把一生都奉献给了圆周率的计算以及其他常数的计算，并且在 1875 年计算出了圆周率小数点后的 707 位，这一成就出现在了巴黎博物馆宫殿的雕带上。这一敬意迫使这个博物馆为了改

变这条雕带而付出了昂贵的代价。D. F. 弗格森（D. F. Ferguson）
以及 1946 年所出版的《自然》（*Nature*）杂志中都表明这些数字
中只有前 527 个是正确的。正如奥古斯都·摩根（1806—1871）
所指出的那样，数字 7 出现的次数过于频繁，结果引起了怀疑。

与面对大量计算的其他人一样，尚克斯也出现了错误。因
为同时代没有人计算得比他长，所以，他认为这些结果是正
确的。要知道，在他生活的时代还没有计算器和计算机，所有
的计算都用纸和笔，最终大量的纸张堆在一起，上面写满了数
字。在巴黎博物馆，现在可以看到修改过的数字，没有任何错
误，却是对一个可以解释的错误的真正敬意。现在他们已经找
到了尚克斯出错的准确位置，因为圆周率的计算并不是一次完
成而是分成了不同的阶段。

我们绝对不能忘记弗格森的投入，他的研究正好出现在计
算机时代的黎明时刻。1947 年，他利用机械式计算器，付出
巨大的耐心，采用以下公式计算出了圆周率的 808 位，这个过
程花了整整一年的时间。

$$\frac{\pi}{4} = 3\arctan\frac{1}{4} + \arctan\frac{1}{20} + \arctan\frac{1}{1985}$$

1882 年，德国的林德曼给圆周率位数的探索者们的热情
泼了一盆冷水，他证明圆周率并不是一个代数数，因此是非规
矩数。林德曼是第一位证明圆周率是超越数的人，我们必须指
出，这样的证明出现在一个回忆录中，密密麻麻地写了好几

页，但是没有使用任何几何知识。这样，圆周率就脱离了它的几何框架，而且正好出现在证明它是一个超越数的同一天。

林德曼原创性的证明采用的思路与数年前查尔斯·艾尔米特（Charles Hermite，1822—1901）证明 e（另一个著名常数）是超越数的思路完全一致。林德曼总结说 e 是以 A_k 为代数系数、以 B_k 为代数指数的幂的线性组合（无论是实数还是复数），

$$A_1 e^{B_1} + A_2 e^{B_2} + \cdots\cdots + A_n e^{B_n} = 0$$

这是不可能成立的（除非所有 A_k=0）。就像著名的欧拉公式可以写为

$$e^{\pi i} + 1 = e^{\pi i} + e^0 = 0$$

一样，它满足林德曼的条件（$A_1 = A_2 = 1$，$B_1 = \pi i$，$B_2 = 0$），因此 πi 不可能是代数数，所以圆周率也不是代数数。既然圆周率不是代数数，它只能是超越数。既然它是超越数，它就是非规矩数。当然还有其他复杂程度越来越小的证明，然而第一个已经足以使圆周率失去它的光芒。在林德曼之前，人们已经知道圆周率是超越数，也就意味着化圆为方不可能实现。而林德曼的证明彻底解决了这个问题：化圆为方是不可能的。

第二章

无穷小与圆周率的超越性

圆周率的表面蒙着一层面纱，没有人能在有生之年得见其真容，然而有些敏锐的目光却可以透过这层面纱窥见一斑，想做到这一点必须坚韧不拔、睿智冷峻，而且高深莫测。

伯特兰·罗素（Bertrand Russell）

到目前为止，我们沿着前人对圆周率的探索路径不断追寻着它的超越数本质，这段旅程到林德曼戛然而止。现在我们已经知道了圆周率是一个超越数而不是一个规矩数，因此化圆为方是一个永远无法实现的梦想。

理解圆周率在数学世界中的重要意义需要在无穷大的惊涛骇浪中游弋。圆周率是一个与众不同的世界，无限增大而且又非常复杂，里面充斥着各种问题，这些问题处于哲学与现实世界之间。总之，即使在高等数学这个神奇世界中，它也占据着某种非同寻常的地位。因此，我们将尽可能对无穷大的概念进行简化。我们将非常谨慎地应对它以便不触及其中深层的特征。要注意：遨游于无穷大的世界并非轻而易举。这需要付出不少的努力，而且任何旅程中途都会有一些令人沮丧的时刻。

带着这个警告，我们用一个看起来几乎荒诞的问题开始我们的无穷大之旅：什么是数？要回答这个问题，我们就要开始回顾数的起源。

数和集合

几乎所有数的概念基础都是集合，也就是事物的简单集合，为了方便起见，我们将这些事物放在括号中间并用逗号将它们隔开。

例如，

$$A=\{a, b, c, d\}$$

这表示集合 A 由 a、b、c 以及 d 组成。这些字母可能代表动物、物体、人、乐器或其他任何东西。简单地说，集合就是事物或者"元素"组成的整体。

一个集合可以与另一个集合相互匹配。例如，

$\{a, b, c\}$ 和 { 拿破仑，♣，本书的作者 }

可以相互匹配，因为它们可以一一对应，没有多余的元素。然而，

$\{a, b\}$ 和 { 拿破仑，♣，本书的作者 }

就不能匹配，因为无论我们怎样尝试，在右边的集合中总有一个元素无法与左边的一个元素对应。

数的定义与集合相关。对数的概念进行定义的一种现代方式是采用递归法。

$$1=\{0\}$$
$$2=\{0,\ 1\}$$
$$3=\{0,\ 1,\ 2\}$$
$$4=\{0,\ 1,\ 2,\ 3\}$$
$$5=\{0,\ 1,\ 2,\ 3,\ 4\}$$
$$\cdots\cdots$$
$$n=\{0,\ 1,\ 2,\ 3,\ 4,\ \cdots\cdots,\ n-1\}$$

如果集合 A 与 n 一一对应，我们就说"集合 A 有 n 个元素"。因此，我们可以说一支足球队的球员的集合有 11 个元素，或者说所有耶稣使徒的集合包含 12 个元素。根据我们所列的表格，有 11 个元素的集合为

$$11=\{0,\ 1,\ 2,\ 3,\ 4,\ 5,\ 6,\ 7,\ 8,\ 9,\ 10\}$$

毫无疑问可以与足球队员一一对应。

那么，0 在哪里呢？我们还没有对它进行定义。什么情况下我们会说某个集合有 0 个元素呢？根据"直觉"的初等集合理论，一个集合是事物的总和。因此，在事物组成的总和中有一些空集，它们不包含任何元素，就好像一些空盒子。

但是，不能将空集与什么也没有混淆起来，这个形而上的事物是哲学家们所讨论的对象。空集就是不包含任何事物的一个集合，它是一个没有任何元素的集合。

为了表示这个集合（只有一个这样的集合，因为所有的空集都相同），法国数学家安德烈·韦伊（André Weil，1906—1998）建议采用丹麦语字母 Ø。韦伊熟知北欧字母表，因为在第二次世界大战期间他曾被囚禁在芬兰。

我们可以用大括号来表示空集：{}。或者用字母 Ø 表示空集，它表示任意一个不包含任何元素的集合。甚至最荒诞的定义也完全有效：

$$Ø=\{\text{会飞的牛}\}$$

我们将 0 定义为

$$0=Ø$$

如果能够将一个集合与集合 0 匹配，我们就说一个集合"有 0 个元素"。（然而，我们不要忘记 0 本身是集合 1 的唯一的元素。）

集合 A 中的元素数量可以在集合前用符号 # 来表示。习惯上将这个概念称为 A 的基数，即

$$A \text{ 中元素的数量} = A \text{ 的基数} = \#A$$

一般来说，我们会区分有限集合和无限集合。通常"元素的数量"这个概念仅仅适用于有限集合。例如，有限集合可能有 6 241 个或者 123 456 789 012 个元素。

有限集合有一个罕见的特征，它们的基数比它们任何一个组成部分的基数要大。例如，如果集合 A 有 7 个元素，那么集合 A 的任何一个子集的元素都小于 7。例如，

$$A = \{ \text{白雪公主的小矮人} \}$$

那么 $\#A=7$，小矮人的集合的任何子集或者部分群体 B 满足条件 $\#B < \#A$，而且都比 7 个小矮人的数量少。这个特征也许并不起眼，但却是将有限集合与无限集合真正区分开来的一个特征。在任何无限集合中，整个集合的任何一部分与原集合有相同的基数。虽然看起来可能奇怪，但整体的有效部分与整体有相同的元素数量。

有无穷房间的饭店

作为无限集合的例子，数学家提出了一个悖论：有无限房间的饭店。这个悖论由德国数学家戴维·希尔伯特（David Hilbert）在 1924 年的一个讲座中提出，具体内容如下。有一

位店主经营着一家酒店，酒店中的房间从 1 开始按照递升顺序进行编号。到了旺季，酒店住满，店主很高兴所有的房间都有客人。然而，他突然从旅行社得到一个令人震惊的消息：第二天会有大量的客人来到酒店，而且所有的人都需要一个房间，他需要为每个人提供住宿。而且，他还不能将已经住下的旅客赶出酒店。酒店老板"精通"数学，他要求现在的客人搬往他们现在居住的房间号 2 倍的房号的房间，如图中所示，由此可见空出 1、3、5……号房给新客人。

显然这是不可能的，除非店主有无穷多的房间，才能用他的"好方法"空出无限多的空房，让无数新来的客人都可以入住。这个在想象中有无穷房间的酒店的店主继续快乐地经营，而且对于自己对无穷大的理解非常满意。

我们先来考虑最简单的无限集合，这个集合包含所有的正整数，或者说是"自然数"：

N={0，1，2，3，4，5，6，7，8，9，10，11，……}

数学家将自然数集合称为 N，因为这个字母是英语单词"自然"（Natural）的首字母。

偶数作为自然数的一部分，可以与自然数本身匹配，即：

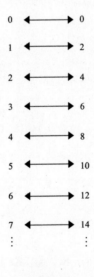

#{ 偶数 }=#N

因此，无限集合的子集也是无限的，而且甚至与总集有相同的基数。

自然数、有理数和代数数

人类在数百年间都没能意识到无穷大问题。一位非凡的德国数学家突破了这种状态，他名叫乔治·康托尔（Georg Cantor，1845—1918）。

有限集合的基数是一个自然数，无限集合有更高的基数以及无限的量度，数学家将其称为"无穷"基数，字面意义为"超出有限的"。所有超限基数的最低以及第一个基数为 #N，康托尔将这个基数称为 $\aleph_0$。它与自然数集合的基数相互对应，可以看到：

$$\#\{0,\ 1,\ 2,\ 3,\ 4,\ 5,\ 6,\ 7,\ 8,\ 9,\ 10,\ 11,\ \cdots\cdots\}=\#N=\aleph_0$$

这种难以理解的特点需要解释。符号 $\aleph_0$（读作阿列夫）是希伯来字母表中的第一个字母。下标 0 表示我们讨论的是所有阿列夫中的最低层次（阿列夫 0）。当然，有更多的阿列夫数字，每个都有自己的下标：

$$\aleph_1,\ \aleph_2,\ \aleph_3,\ \aleph_4,\ \aleph_5\cdots\cdots$$

基数 $\aleph_0$ 在某种程度上表示与 N 相匹配的集合的元素数量，例如，偶数、奇数、3 的倍数、5 的倍数以及其他无穷多的数。我们将可以与 N 匹配的集合称为"可数的"，因为它们可以

乔治·康托尔

　　德国数学家，出生于圣彼得堡，被公认为历史上最伟大的思想家之一。他是现代集合理论以及无穷代数之父和创立者。可惜的是，他的创新观点使他与许多同时代势力强大的权威为敌，从而在很大程度上限制了他的学术发展。1884 年他患上了精神疾病，这给他的后半生带来了巨大的痛苦。康托尔长期处于抑郁之中，最终死在了一家精神病院，也许他抑郁是因为他无法证明自己的一些设想。

用数字表示或者说可以数，并且相互对应：

0 ←→ 0	0 ←→ 1	0 ←→ 0	0 ←→ 0
1 ←→ 2	1 ←→ 3	1 ←→ 3	1 ←→ 5
2 ←→ 4	2 ←→ 5	2 ←→ 6	2 ←→ 10
3 ←→ 6	3 ←→ 7	3 ←→ 9	3 ←→ 15
4 ←→ 8	4 ←→ 9	4 ←→ 12	4 ←→ 20
⋮	⋮	⋮	⋮

数学家们已经证明无穷集合 Z ={……, –11, –10, –9, –8, –7, –6, –5, –4, –3, –2, –1, 0, 1, 2, 3, 4, 5, 6, 7, 8, 9, 10, 11, ……} 为"整数集合"，集合 N 是集合 Z 的一个子集。每个自然数都是一个整数，就集合而言，这一点显而易见，但是基数又怎样呢？集合 Z 的基数是什么呢？如果我们看下面这张图：

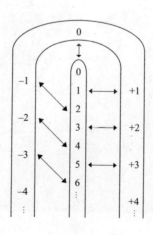

结果为 #N=#Z=$\aleph_0$，所以集合 Z 也是可数的。

我们现在更进一步来关注分数的集合。分数有分子和分母，表达形式为 a/b。如果 a 是 b 的倍数，分数 a/b 称为一个整体分数，而这个分数也就等于一个整数 c，即：

$$a/b=c$$

实际上，同一个数可以表达为不同的分数形式，例如：

$$756/378 = 524/262 = 6/3 = 2$$

然而，还有其他类型的分数，例如 1/2 或者 5/3，并不是整体分数。分数比整数多，因为每一个整数都可以用不同的分数来表示，因此，我们可以得到，

$$N \subset Z \subset \{ 分数 \}$$

符号 $\subset$ 表示 "真包含于"，它是符号 < 的一个变体，但是这个符号只用于集合，而不用于数字。

习惯上用字母 Q 表示分数集合，证明 Z 是集合 Q 的一个子集。因此，换一种表达方法为，

$$N \subset Z \subset Q$$

我们可能会认为 Q 的基数大于 Z 的基数，但是可以想到在无穷大中经常会有难以预料的事情发生。

康托尔用一种迂回的方式来"计算"分数，设计了这样的图表：

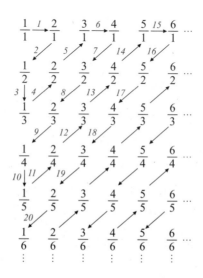

上表中理论上包含了所有的分数，因为每一行都是潜在的分母，而每一列都是潜在的分子。如果我们找一个形式为 a/b 的数，可以在 a 列 b 行的交叉处找到它。而且我们可以将所有分数（例如每一个有理数）用箭头连接起来，并为这些箭头进行编号（1，2，3，4，5，……），最终可得：

$$\#Q = \#Z = \#N = \aleph_0$$

我们可以更进一步推论，如果一个数是一个多项式方程式的解，这个数就是一个代数数，

$$a_n x^n + a_{n-1} x^{n-1} + \cdots\cdots + a_1 x + a_0 = 0$$

这个方程式中所有的系数 a_n, a_{n-1}, $\cdots\cdots$, a_1, a_0 都是有理数，而且实际上每一个有理数都是代数数。对于任何一个有理数 a/b，方程 $x-a/b=0$ 有解 $x = a/b$，而且方程式的系数都是有理数，$a_1 = 1$ 且 $a_0 = -a/b$。

有许多其他的代数数。例如，方程式 $x^2-2=0$ 的解虽然是无理数，但同时也是一个代数数。甚至像黄金分割这样出名的数字 Φ 也是一个代数数，因为它是方程 $x^2-x-1=0$ 的解。

1874 年，康托尔还年轻，还没有患上给他晚年带来痛苦的精神疾病。他证明代数数集合是一个可数集合，这个集合我们称之为 A，其中甚至包括有理数，因此，

$$\#\{\,代数数\,\} = \#A = \#Q = \#Z = \#N = \aleph_0$$

每一个集合都真包含于后面的集合：

$$N \subset Z \subset Q \subset A$$

实数

　　数的世界非常广阔，到现在我们只看到了其中涉及为可数数进行编码的一小部分。

　　在我看来，小数是详细描述数的最佳方式。因此，接下来我们将进入小数的集合并且详细地探索这一领域。

　　一般来说，小数 34 658.124796 可以用以下数的另一种形式表示：

$$3 \cdot 10^4 + 4 \cdot 10^3 + 6 \cdot 10^2 + 5 \cdot 10^1 + 8 \cdot 10^0 + 1 \cdot 10^{-1} + 2 \cdot 10^{-2} + 4 \cdot 10^{-3} + 7 \cdot 10^{-4} + 9 \cdot 10^{-5} + 6 \cdot 10^{-6}$$

　　小数点左边的数表示 10 的正次幂，而右边则是 10 的负次幂，我们可以看到：

$$a \cdot 10^{-n} = \frac{a}{10^n}$$

　　小数是在十进制基础上，用位值制记数法以及 0 构成的一种数字表达形式。它是一种表达方法，非常完美，是人类文明的一项巨大成就。

　　一个小数可能有尽头，也可能没有尽头，这里各举一个例子：

西蒙·斯泰芬（Simon Stevin，1548—1620）

　　斯泰芬是一位荷兰籍科学家，出生于比利时西北部城市布鲁日。他在军事工程、音乐、数学以及会计学等领域都有建树。在会计学中，他作为复式记账法的发明人而载入史册，虽然复式记账法看似平凡，但这是算术对人类文明进步的一项重要贡献。斯泰芬在数学方面的贡献更为重要，在《论十进》（De Thiende）中，他创造了十进制记数法，但是他发明的记数法非常复杂难以推广，所以后来约翰·纳皮耶（John Napier）等人所提出的方法才占据了上风，奠定了现代十进制记数法的基础。

《论十进》中的一页，描述了斯泰芬的十进制记数法，这种方法并不适合日常使用。记数单位用小圆圈圈起来的不同数字表示，例如，17 847 这个数，可以用 ⓪表示千位，① 表示百位，② 表示十位，③ 表示个位，即17⓪8①4②7③。

$$1.234567890101112131415161718192021223242526\cdots\cdots$$
$$127.789564$$

第一种是一个有无限位数的小数，第二种小数点后虽然以 4 结尾，但其实也可以有无限位数，如

$$127.789564 = 127.789564000000000000000000\cdots\cdots$$

或者，我们甚至可以找到另一个更"复杂"的表达方法

$$127.789564 = 127.789563999999999999999999\cdots\cdots$$

然而，在上述第二种情形中，我们可以用有限位数或者有限表达式表示一个小数。最简单的小数就是自然数（N），因为它们都是正数并且小数点后面没有任何位数。接下来是整数（Z），整数可以是负数，但是它们在小数点后面也没有位数。有理数（Q）包括自然数和整数两者并且再加上有限位数的小数和一种特殊的小数表达方式——这种小数的小数点后的数有一种循环，在某个点之后这些位数会循环出现。我们知道有理数可以是小数，所有的小数都可以用 a/b 的形式表示，这里的 a 和 b 都是整数。要将这种形式表示为小数形式，我们必须用 a 除以 b。那么会出现什么结果呢？由于余数的最大值为 b，除以 b 以后，这些数会反复出现。这种情形可以完全出现在最

基本的小数中，例如以下的情形：

$$\frac{11}{7} = 1.571428571428571428\cdots\cdots$$

循环出现的周期或者数的序列总是 571428。这个周期可能非常长，延续无穷的位数，无限循环。

此时，明显的问题就是，如果循环小数是有理数的特点，那么如何定义不循环小数呢？答案很简单，如果它们不循环，就不是有理数而是"无理数"。

有许多无理数，从 $\sqrt{2}$ 到各种根式的结合，例如，$\sqrt{\frac{3\sqrt{5}+1}{2} - \sqrt{3}}$ 以及像圆周率这样的普适常数。也许有人不禁要问：有多少无理数呢？

我们用 R 作为所有小数集合的名称，也就是说，所有有理数和无理数的总和（或者说并集∪）：

$$R=\{\text{有理数}\} \cup \{\text{无理数}\}$$

前文中我们已经说过这些集合中的第一个，Q={有理数}，是可数的，因为康托尔证明总集 R"并不是可数的"。因此，无理数的集合不可能是可数的。否则，R 就是两个可数集合的并集，也应该是可数的。

于是，我们认识到还存在某种不可数的集合，即一个不可数的集合 R，而这个集合肯定是一个比我们现在所遇到的所有

对角线证明法

康托尔通过论证证明了所有的实数（R）都是不可数的，这天才般的发现被永远记载在史册上，其证明过程既有原创性又容易理解。这个证明过程非常出名，因此有了自己的名称：对角线过程、对角线论证法或者对角线证明法。我们先看一看"对角线"这个术语的意义。

我们先解释一下数学中的"反证法"。反证法先做出一个假设，然后说明由这个假设出发最终将得出一个不可能的结论，于是，就说明这个假设就不可能是真的。

我们做出一个假设（我们将会看出这个假设是假的），小数（或者实数）是可数的。现在我们甚至不用假设 R 中的每一个都是可数的，而仅仅假设 R 中一个非常小的部分区间 $x(0, 1)$，即 $0<x<1$ 中的实数 x 是可数的。

在这种情形下，我们假设可以列出此区间内的全部实数并且为每一个实数编上号码，形成下表：

R ↔ 实数（0，1）

1 ↔ 0.835987……

2 ↔ 0.250000……

3 ↔ 0.559423……

4 ↔ 0.500000……

5 ↔ 0.728532……

6 ↔ 0.845312……

……

$R = 0.r_1r_2r_3r_4r_5……r_n……$

这个列表必须包括 0 与 1 之间所有的小数，所以只要构造一个不在这个表中的一个小数就可以证明假设为假。这就是康托尔发明一个新的小数 D 的用意，设：

$$D = 0.d_1 d_2 d_3 d_4 d_5 \cdots\cdots d_n \cdots\cdots$$

如果 R 的第 n 个小数位等于 5，那么 D 的第 n 个小数位是 4；如果 R 的第 n 个小数位不等于 5，那么 D 的第 n 个小数位是 5。

d_1 与和 1 对应的小数的 r_1 相同吗？不同，因为根据上页表，r_1 为 8，则 d_1 为 5。

d_2 与表中的第二个小数 r_2 相同吗？不同，因为 r_2 为 5，则 d_2 为 4。

同理，对于第三、第四、第五……第 n 个小数来说也是同样：

$$d_n \neq r_n$$

D 与 R 中所有的小数都不同，因此也就不在数列中。但我们不是假设已经列出了这个区间的全部实数吗？这就与最初的假设出现了矛盾。如此可知，假设不成立，实数是不可数的。

的无限集合更大的无穷大。

集合 R 就被称为"实数集"。

根据现在学校中所教授的最基础的集合理论，可以用一张图表来总结现在所接触到的所有集合：

集合 N、Z 和 Q，都属于 R，都是可数的，而 R 不可数。我们可以说除了有理数之外，几乎所有的数字都是无理数，形成了一个更小的无穷大，一个可数的无限集合。根据约翰·海因里希·兰伯特 18 世纪 60 年代的证明，圆周率是无理数，因此属于不可数的大多数，这个大多数包括几乎所有的小数。根据这个观点来看，圆周率像大部分的数一样，是一个实数并且是无理数。

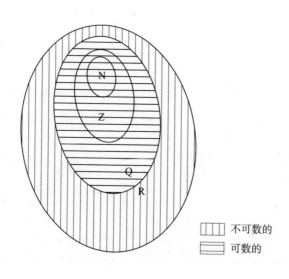

不可数的

可数的

代数数与超越数

我们前面已经提到过代数数，我们知道：

1. 代数数能够作为系数为有理数的多项式方程的解：

$$a_n x^n + a_{n-1} x^{n-1} + \cdots\cdots + a_1 x + a_0 = 0$$

$$a_n,\ a_{n-1},\ \cdots\cdots,\ a_1,\ a_0\ \text{为有理数}$$

2. 代数数构成可数的无穷大。

在此重提代数数是为了解释为什么所有几何图形都可以在有限的步骤内用尺规作图法构造出来。

规矩数指仅使用希腊人所发明的尺规作图法构造出的实数。我们以 $\sqrt{2}$ 为例，如下图所示，这就是一个规矩数，它可以完全用尺规作图法构造出来。

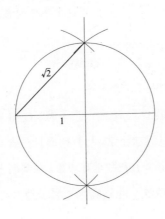

这是希腊人找出来的第一个无理数，也是这个名称来源的直接理由。$\sqrt{2}$ 除了是无理数之外，也是规矩数和代数数。就像我们已经看到的，它是方程式 $x^2-2=0$ 的解。

我们现在看看为什么规矩数都是代数数。在采用尺规作图法构造出的几何形状中，我们所能做出的都是以下形式的数：

$$x_1=a_0+b_0\sqrt{x_0}$$

这里 a_0、b_0 和 x_0 是有理数。数 x_1 是代数数，它是一个系数为有理数的二次方程式的解，即

$$x^2-2a_0x+a_0^2-b_0^2x_0=0$$

这是一个系数为有理数的方程式，因为系数 1 与 $-2a_0$ 和 $a_0^2-b_0^2x_0$ 相似，都是有理数集合 Q 的元素。像 x_1 这种形式的所有数构成了一个"域"，我们将这个域称为 K_0 并且证明

$$Q \subset K_0$$

这也就意味着 Q 是 K_0 的一个子集。Q 和 K_0 都由规矩数组成，但是只包含代数数。K_0 大于 Q 而且包含 Q，K_0 中所有的数都是代数数，其中有些数是有理数（那些属于集合 Q 的数），而其他的不是有理数（属于 K_0 而不属于 Q）。

现在我们选择一个构造元素 x_2

$$x_2 = a_1 + b_1\sqrt{x_1}$$

这里 a_1, b_1 和 x_1 都属于 K_0，而且我们构成了另一个更大的域：

$$Q \subset K_0 \subset K_1$$

这个域也由规矩数和代数数组成。显然，我们可以构造我们想要的许多个域：

$$Q \subset K_0 \subset K_1 \subset \cdots\cdots \subset K_n$$

一般来说，规矩数所描述的几何构图都是二次方程式，这些方程都很相似，虽然会构造出不同的规矩数，但它们都是代数数。

通过笛卡儿在 17 世纪时创立的解析几何学，所有的几何作图方法都可以转化成二次方程式，一个更复杂的图形可以分解为一系列的二次方程式，层层复合起来。

但是，无论这个系列有多长，结果都会成为一个规矩数，这个数都是系数为规矩数的一个二次方程的解，也就是一个代数数。应用几何作图时，我们永远不会偏离规矩数的域，因此也就没有离开代数数的域，每一个规矩数都是一个代数数。

在此我们不会对这个定理进行严格详细的证明，因为那样我们就必须运用高等数学的工具。简单说来，这个定理可以用下图来表示：

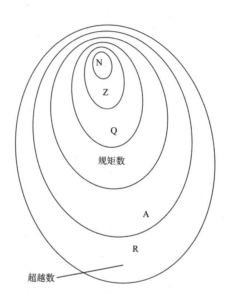

看清楚了整个数的世界，我们就可以跨越代数数的边界而进入一个可数的无穷大的数的领域。我们已经知道了 R 是一个更大的，不可数的无穷大，因此 R 除了代数数以外涵盖了"几乎一切"，其中就有由不可数的部分所组成的超越数。

数学家将这种非代数数（实数内除去代数数以外的数，即集合 R 中 A 的补集）称作"超越数"，因为根据欧拉的说法，这些数"超出了代数方法的能力范围"。这个定义具有哲学意味，但是却非常准确：一个超越数无法成为系数为有理数的多项方程式的一个解。所有的超越数都是无理数而且无法计数，它们的基数都大于 0。

这与圆周率有什么关系呢？正像林德曼 1882 年所证明的那样，圆周率不仅仅是无理数，而且它还是超越数。如果圆周率是一个超越数，那它就不是一个代数数，也就是一个非规矩数，因此也无法用尺规作图法在有限的步骤内构造出来。因此，从古希腊人开始的对化圆为方方法的寻找就被终结了。但这种对无法实现的理想的神秘探索并没有绝迹，即使到了今天，著名的数学家依然收到各种化圆为方的"证明"，而且有许多人给出了一些提前准备好的答复来劝阻未来的发现者，让他们不要进行徒劳无功的证明。通常情况下，这些证明过程仅仅在数学教授们的办公桌上放一下，然后就被当成作业转给了学生。当某位学生发现来信中的错误之后（总会有某个错误），他们就给出这样的答复："亲爱的朋友，非常感谢你证明化圆为方的问题。我现在将你的原稿退回给你，希望你注意我们所发现的第一个问题。问题在某页某行。祝好！"这是果断拒绝不可能实现的理想的最好方法。

总之，圆周率属于超越数，而且很明显它没有任何其他特殊之处，非超越数才更不寻常。同时，圆周率更为普通而且平淡无奇，因此任何人都还没有在它的数位中发现任何有规律或者没有规律的现象。

圆周率的超越关系

　　e 是自然对数的底数，它的值为 2.71828……而且除了圆周率之外，它是使用最为频繁的数学常数。当然，我们知道

$$\pi+e=5.859874482\cdots\cdots$$

但是现在还不清楚这个数是不是超越数。神奇的是，现在数学家们已经知道 $\pi+e$ 和 $\pi\cdot e$ 这两个数其中之一是超越数，但却不知道是哪一个。

　　然而，e^{π} 是超越数，这已经根据亚历山大·盖尔丰德（Alexander Gelfond, 1906—1968）和西奥多·施耐德（Theodor Schneider, 1911—1988）的定理证明。同样，实际上，我们甚至不知道这个数是有理数还是无理数。

　　同样 $e^{\pi\sqrt{n}}$（如果 $n\neq 0$），$\pi+ln2$ 和 $\pi+ln2+\sqrt{ln3}$ 也是超越数。

　　现在还不清楚 $\pi+e$ 或者 π/e 是否为超越数，甚至是否为无理数。我们知道这两个数并不能成为次数小于或者等于 8 并且整数系数为 10^9 的多项式方程的解。

化圆为方

探讨过圆周率的性质并且发现它是超越数之后，就能够明白企图化圆为方是毫无意义的。然而，在林德曼之前，有许多人非常投入地进行这项研究，他们都带着美好的信念，并且给出了看起来非常合理的近似值。大多数探索圆周率位数的人实际上都是化圆为方的探求者，甚至有人开玩笑说这些人得了想要化圆为方的传染病。

普通的"化圆为方探索者"一般特征为：男性，成年人，根本不知道有"不可能"这个词，几乎没有什么数学知识，坚信这个问题以及获得较大回报的重要性。他们缺乏逻辑性而且孤独寂寞。如果这些还不足以说明的话，可以加上一条：他们的著作毫无价值，以上描述没有任何夸张之处，而仅仅是基于事实。

中世纪早期影响巨大的罗马哲学家波伊提乌（Boethius，约 480—524）在他的《圆的手册》（*Liber Circuli*）中（在他失去国王希欧多尔的宠信，并且因为被控告炮制阴谋而被处死之前）说他已经解决了化圆为方的问题，但是这个证明过程太长，无法完全写到纸上。后来费马（Fermat）在谈到自己的最后一个（而多年来从来没有被证明）定理时也用了同样的说法。这种说法以及化圆为方根本不可能这一无可争议的事实说明波伊提乌或者错了，或者在骗人。

近现代，著名德国红衣主教库萨的尼古拉斯（Nicholas，1401—1464）也加入了"化圆为方的探索者"的行列，开普勒和

阿里斯托芬（Aristophanes）与化圆为方

希腊戏剧家阿里斯托芬（约前 446—前 386）以一种奇特的方式在他的一部喜剧中谈到了化圆为方，其中充满了讽刺的意味。在出版于公元前 414 年的剧作《鸟》（*Birds*）中，一些雅典公民厌倦了都市中的喧闹，于是决定在空中建立一座城市。主人公皮特塔尔拉斯领着几名建筑师承接下这项异想天开的计划，这时天文学家默冬前来助阵。

［默冬］：我来了……

［皮特塔尔拉斯］：我的痛苦无休无止！你来干什么？你想干什么？

［默冬］：我来测量你的天空，然后把它画成图。

［皮特塔尔拉斯］：我的天呀！你是谁？

［默冬］：我是谁？我是默冬，在整个希腊声名远播。

［皮特塔尔拉斯］：太好了！你手里拿的是什么？

［默冬］：这是测量空气的魔杖。我向你解释一下，天空就像一个火炉；因此，我在这里用我的弯曲的魔杖，并把圆规放在这里……你明白了吗？

［皮特塔尔拉斯］：一个字也听不明白。

［默冬］：我用另一个直尺画一条直线，在圆中内接一个正方形，并把神坛放在中心。所有的街道都通往神坛，就像星星的中心，虽然是圆形的，它却向四周射出直线。

［皮特塔尔拉斯］：神啊，这个人是一位不折不扣的泰勒斯！

康托尔都曾因为他对无穷大的许多高深思想进行的深入思考而认可其学术地位。尼古拉斯是一位卓越的语言学家、法学家、哲学家和天文学家，此外与其说他是一位数学家不如说他是一位数字命理学家。作为一位几何学家，他试图（而且根据他的说法，最终成功解决）解决化圆为方的问题。约翰尼斯·米勒·冯·柯尼斯堡（Johannes Müller von Königsberg，1436—1476）是与尼古拉斯同时代的人，他的拉丁语笔名为雷乔蒙塔努斯或雷乔蒙塔诺（Regiomontanus 或 Regiomontano），他是一位牧师，更是一位优秀的数学家，此外还非常仰慕阿基米德。他否定了尼古拉斯的以上说法，并表明在尼古拉斯的著作《化圆为方》中并没解决有化圆为方的问题。雷乔蒙塔努斯所给出来的圆周率的近似值为3.14243。

　　1525 年，伟大的画家阿尔布雷特·丢勒（Albrecht Dürer，1471—1528）也曾试图化圆为方，并且指出这种作图法只能得

红衣主教尼古拉斯声称他曾经努力研究化圆为方，并取得了成功。

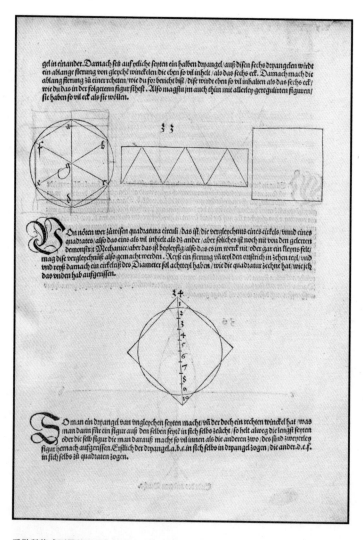

丢勒所著《测量的不足》(Underweysung der Messung)中的一页，记载了他化圆为方得出的近似值。

出圆周率的近似值。

1585 年，阿德里安·梅蒂斯（Adriaan Metius，1571—1635）的父亲阿德里安·安多尼斯（Adriaan Anthonisz，约 1543—1620）通过计算得出圆周率在 377/120 和 333/106 之间。儿子找出来化圆为方的一个简便方法，即采用以上两个分母和分子的平均数就足够了：

$$\pi = \frac{\frac{1}{2}(377+333)}{\frac{1}{2}(120+106)} = \frac{355}{113} = 3.14159292\cdots\cdots$$

这是一个精确的近似值，但是正如人们所预料的那样，并不是真正的化圆为方。

也许有关化圆为方的最著名的故事涉及著名的经验主义哲学家托马斯·霍布斯（Thomas Hobbes，1588—1679）以及英国著名数学家约翰·沃利斯（John Wallis，1616—1703）。很明显，虽然霍布斯异常聪慧，但是他没有受过专业几何教育。1655 年，他在《论物体》（De Corpore）中宣布自己除了修正了几个曲线等成就之外也解决了化圆为方的问题。这不可能是真的，而且沃利斯在他的著作《驳霍布斯几何学》（Elenchus Geometriae Hobbianae）中指出了霍布斯的一些错误，同时对霍布斯的几何天资给予了措辞严苛而又切中事实的评价。必须说明沃利斯宣称自己是长老会成员，这使得他进一步加深了对明显是高派教会成员的霍布斯的憎恶之情。霍布斯的数学基础较差，他在 40 岁时才着了欧几里得的魔。同样，许多哲学家虽然在数学方面资质平庸，但还是愿意与数学扯上关系。对于霍布斯来说，问题在于他不仅无法承认自己的错误，而且他还因自己的写作困在了个人恩怨之中。他拟的一些标题令人讨厌，非常滑稽，例如《荒唐几何的标志》《乡夫蠢言》《苏格兰教会政治》《野蛮的约翰·沃利斯》。这些争议者丝毫没有考虑彼此的感受。例如，沃利斯指责霍布斯剽窃了同时代其他人的成果："你的作品中有些是事实，但是这些事实并非你自己的，而是取自其他人。"

格雷戈勒·德·圣-文森特（Grégoire de Saint-Vincent，1584—1667），是一位比利时耶稣会会士。除了其他贡献之外，我们要感谢他创立了极坐标的概念。他创造了一种新的近似于积分概念

托马斯·霍布斯（左）与约翰·沃利斯（右）长期相互争执，在他们的著作中相互攻击，争执的核心问题就是化圆为方。

约翰·沃利斯

　　无穷大，即∞，这个著名的符号来自这位卓越的英国数学家，是他从宗教和哲学中将密切这个概念引入了数领域。沃利斯与英国皇家协会关系密切，他从事密码破译研究，此外还研究与当时的科学潮流高度相关的问题，也就是微积分，并且为微积分提供了新鲜有趣的概念。他最显著的创造在于级数领域，具体来说，就是无限积级数，这个级数给了我们一个完美而有用的公式：

$$\prod_{n=1}^{\infty}\frac{(2n)(2n)}{(2n-1)(2n+1)}=\frac{2}{1}\cdot\frac{2}{3}\cdot\frac{4}{3}\cdot\frac{4}{5}\cdot\frac{6}{5}\cdot\frac{6}{7}\cdot\frac{8}{7}\cdot\frac{8}{9}\cdot\cdots\cdots=\frac{\pi}{2}$$

　　沃利斯是一位心算高手，或许是他的失眠症使得他有大把时间钻研此道。他同时是一位语法学家，这一点极其罕见。他还付出了很大的精力去教育聋哑人。

　　的方法，从而找到了求双曲线面积的方法，并且声称他已经找到了化圆为方的方法。不难理解，与他同时代的人对此持怀疑态度，最终惠更斯发现了他的推理过程有难以避免的错误。我们在此提到这一点是因为他其他方面的卓越研究展现出了许多有趣而且在数学方面确信无疑的东西。

　　雅各·马尔切利（Jacob Marcelis，1636—1714）是痴迷化圆为方的典型代表。他是一位肥皂制造商，他曾宣称：

$$\pi=3+\frac{1008449087377541679894282184894}{6997183637540819440035239271702}$$

德·摩根在他的有关数学问题的选集《悖论预算》（*A Budget of Paradoxes*）中对马尔切利进行了毫不留情的批评："我希望他的肥皂比他给出的圆周率的值要好一些。"

随着时间的推移，这种蠢事越来越多。我们现在来说一说马尔修龙（Malthulon），他在 1728 年声称自己已经找出了化圆为方的方法。同时，他提出愿意奖赏任何一位能够对任何一步提出不同意见的人，这是一种令人同情而且没有根据的自信。很快他的研究就被证明是错误的，马尔修龙别无选择，只好掏钱。

1753 年，法兰西学院宣布不再对化圆为方的任何证明进行评论。也许是狂热者们越来越多的要求以及评论所付出的代价让他们感到恐惧，也可能是学者们不想与那些执着而又错误百出的"数学家"纠缠在一起。

企图化圆为方的队伍并没有因为林德曼而停步，但是至少现在已经知道他们的证明总会出错。在此我说的不是斯里尼瓦瑟·拉马努金（Srinivasa Ramanujan，1887—1920）那样的人，他清楚地知道化圆为方是不可能的，然而却在寻找具有惊人准确性的近似作图方法。利用斯里尼瓦瑟的某种作图方法，我们找到了圆周率的一个值

$$\pi \approx \sqrt[4]{9^2 + \frac{19^2}{22}} = 3.1415926525826\cdots\cdots$$

5

SQUARING THE CIRCLE

(Journal of the Indian Mathematical Society, v, 1913, 132)

Let PQR be a circle with centre O, of which a diameter is PR. Bisect PO at H and let T be the point of trisection of OR nearer R. Draw TQ perpendicular to PR and place the chord $RS = TQ$.

Join PS, and draw OM and TN parallel to RS. Place a chord $PK = PM$, and draw the tangent $PL = MN$. Join RL, RK and KL. Cut off $RC = RH$. Draw CD parallel to KL, meeting RL at D.

Then the square on RD will be equal to the circle PQR approximately.

For $$RS^2 = \tfrac{5}{36}d^2,$$

where d is the diameter of the circle.

Therefore $$PS^2 = \tfrac{31}{36}d^2.$$

But PL and PK are equal to MN and PM respectively.

Therefore $$PK^2 = \tfrac{31}{144}d^2, \text{ and } PL^2 = \tfrac{31}{324}d^2.$$

Hence $$RK^2 = PR^2 - PK^2 = \tfrac{113}{144}d^2,$$

and $$RL^2 = PR^2 + PL^2 = \tfrac{355}{324}d^2.$$

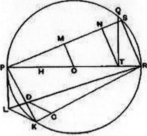

But $$\frac{RK}{RL} = \frac{RC}{RD} = \frac{3}{2}\sqrt{\frac{113}{355}},$$

and $$RC = \tfrac{1}{4}d.$$

Therefore $$RD = \frac{d}{2}\sqrt{\frac{355}{113}} = r\sqrt{\pi}, \text{ very nearly.}$$

Note.—If the area of the circle be 140,000 square miles, then RD is greater than the true length by about an inch.

斯里尼瓦瑟化圆为方的近似作图法，误差仅仅为 0.0000000010072！

第三章

圆周率与概率

概率论就是将常识简化成了计算。

马奎斯·德·拉普拉斯（Marquis de Laplace）

可能有人会认为概率是一个与圆周率毫不相干的概念，然而事实并非如此。首先，R. 沙特尔（R. Chartres）在 1904 年就宣布两个随机选择的整数互为质数的概率为 0.6079271018……=6/π^2。其次，π^2/6= ζ（2）在圆周率和黎曼（Riemann）的神秘函数之间建立了某种神奇联系。π^2/6 也在圆周率与概率论之间建立了一种出人意料的关系。最后，这个概率论中的不速之客在圆周率和质数之间也建立起了某种联系。

一次，奥古斯都·德·摩根向一名保险推销员提出了一个数学问题，如何借助圆周率，计算一群人过一段时间之后仍然活着的概率。保险推销员确信德·摩根犯了一个错误，就回答："讨论保险时怎么可能会用到圆周率呢？圆周率在这里起什么作用呢？"然而，德·摩根是正确的：平均寿命、保险单和圆周率之间的确有关系，即"正态分布"。

本章的目的就是说明这些潜在关系。故事开始于一位醉心于数学的法国贵族，德·布封伯爵（Comte de Buffon）。他想用数学描述针平落在一系列平行线之间的情况。

大海捞针

　　首先，在纸上画一系列等距平行线，然后随机抛掷一根针，针落下时与其中一条直线相交的可能性有多大？

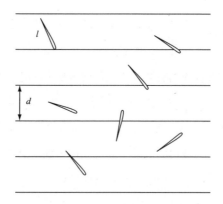

　　最简单的情形是针的长度 l 与直线之间的距离 d 相等。假如我们用 y 表示针的中点（针的假定重心）到一条线段之间的距离。如果我们假设 d=l=1，计算就更简单一些。我们现在用 x 表示针与横轴所形成的角度，这里用弧度表示，我们将会使用积分分析。

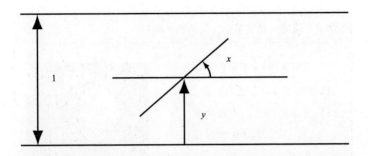

运用初等几何学知识，我们看到如果有不等式

$$y \leq \frac{1}{2} \sin x$$

针就会与一条直线相交。因此我们就得到一个起始点，以下是函数 $y = \frac{1}{2} \sin x$ 的图示：

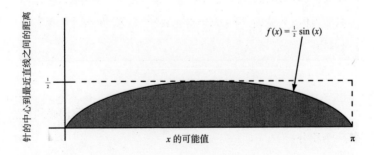

乔治·路易·勒克来克，又名德·布封

这位法国科学家在许多不同的学科都留下了自己的足迹。他是博物学家、作家、生物学家、植物学家、宇宙学家和数学家。他的代表作《自然历史：一般与特殊》(*Histoire Naturelle: Générale et Particulière*) 包含 36 卷和 8 个附录。作为一位宇宙学家，勒克来克最出名的贡献是他提出了有关地球年龄的假说。他还根据烧红的铁球冷却的速度来计算过地球的年龄，这使他与教会产生了严重的分歧。是他将牛顿的著作

布封是一位全才学者，其作为博物学家的贡献最丰富

翻译成了法语，他还有一本标题很吸引人的著作《口算随笔》(*Essai d'Arithmétique Morale*)，为概率论做出了贡献，在这部著作中，他提出了著名的一根针落在一系列平行线上的概率问题。

为了计算阴影部分，即 $y \leqslant \frac{1}{2}\sin x$ 的面积，我们必须计算一个积分：

$$\int_0^\pi \frac{1}{2}\sin x\, dx = 1$$

图中用虚线画出的矩形的面积为 $\frac{\pi}{2}$，这根针与直线相交的概率就是一个面积与另一个面积的商：

$$\frac{1}{\frac{\pi}{2}} = \frac{2}{\pi} \approx 0.6366197\cdots\cdots$$

这就是计算中需要圆周率的地方。

如果 $l \neq d$，这个问题也能够解决：如果 $l<d$，我们得到的概率为 $2l/d$，而如果 $l>d$，这个概率为：

$$\frac{2l}{d\pi} - \frac{2}{d\pi}\left[\sqrt{l^2-d^2} + d\sin^{-1}\left(\frac{d}{l}\right)\right] + 1$$

在这种情形下，我们需要计算一个双重积分。

这种方法还可以用来计算圆周率，但精度并不是非常令人满意。实际上，针只要稍微不规则一点都会引起巨大的误差，因此不建议使用这种方法。更好的方法是在计算机上采用模拟实验的方法在格子上抛针，现在就有采用这种方法的计算机程序。

网格中的针

前一个问题更复杂的版本叫"布封–拉普拉斯"（Buffon-

Laplace）问题，拉普拉斯在 1812 年他的著作《概率分析》中
（ *Traité Analytique des Probabilities* ）对这个问题进行了研究。
在这里，针并不是落在距离相等的平行线之间，而是落在横
竖相交的直线所形成的网格中。对于网格中的每一个单元，
一条边的单位为 *a*，另一条边的单位为 *b*（ *a≠b* ），而且我们假
设这根针的长度小于 *a* 和 *b*。

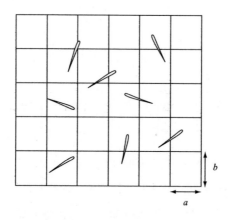

要想得出结果必须采用比前面稍微复杂一些的积分，这根
针与单元两条边中任意一条相交的概率为：

$$\frac{2l\,(\,a+b\,)-l^2}{\pi ab}$$

如果 *a=b*，这根针与任意一条线段都不相交的概率为：

$$1-\frac{l\,(\,4a-l\,)}{\pi a^2}$$

与一条线段相交的概率为：

$$\frac{2l\,(\,2a-l\,)}{\pi a^2}$$

而与两条线段都相交的概率为：

$$\frac{l^2}{\pi a^2}$$

我们可以通过对网格进行修订而将这个掷针的问题进行概括，例如可以把网格变成三角形，但是这个问题过于复杂，在此不再赘述。

正态分布曲线

在与概率论或数理统计相关的许多问题中，如人群中的身高或智商情况、望远镜的仪器误差和激光强度等问题，我们都可以看到高斯函数的"钟形"曲线的身影。这个曲线对应的概率分布有一条密度曲线，在这条密度曲线中，圆周率起着决定性的作用。

如果我们选平均值为 0，而方差的值为 $\sigma^2=1$，这条曲线的对称轴是纵轴，并且可以标准化，那么这条曲线看起来就像一口钟。

皮埃尔–西蒙·德·拉普拉斯侯爵
(Pierre–Simon, Marquis De Laplace，1749—1827)

这位法国天文学家和数学家与拿破仑保持着亦师亦友的关系，他的 5 卷本的《天体力学》(*Celestial Mechanics*) 是物理学的奠基文献之一。拉普拉斯思想早熟，对数学分析和物理现象非常着迷。他对概率中的许多新概念的发展做出了贡献（比如生成函数、条件概率和布封投针问题），在纯数学（位势理论、拉普拉斯变换以及谐波分析）和天文学（地球的形状、原始星云和行星不稳定性）方面也建树颇丰，几乎在所涉及的各领域都是天才。他对当时的科学做出了非凡的贡献，以至于在他死后，他的大脑被保存下来进行深入研究，虽然最终没有发现他的脑结构和其他人有何不同。他是拿破仑的大臣之一，但路易十八复辟后也赐予了他爵位，足可见其在当时的影响力。有这样一则关于他的逸闻，拉普拉斯将自己的天文学著作呈献给了拿破仑，拿破仑说书中没有提到上帝。拉普拉斯回答说:"陛下，我的理论不需要假设。"

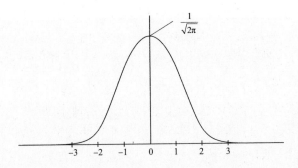

其方程式为

$$f(x) = \frac{1}{\sqrt{2\pi}} e^{\frac{-x^2}{2}}$$

其概率可通过一个积分来计算：

$$P(x) = \frac{1}{\sqrt{2\pi}} \int_{-\infty}^{x} e^{\frac{-x^2}{2}} dw$$

可以看出来，圆周率在计算中总会出现。

还有，当用正态分布表示人们死亡的年龄范围时，我们可以说每当某个人死亡时，高斯钟就用圆周率敲响了丧钟。

约翰·卡尔·弗里德里希·高斯
(Johann Carl Friedrich Gauss，1777—1855)

　　没有任何文字能够准确地形容数学家、天文学家和物理学家高斯这样一位里程碑式的人物。与他同时代的人称他为数学王子，这已经足够说明一切。高斯虽然出身贫困，但在家乡是一位远近闻名的神童。有一个关于他童年的故事，也许不足为信却能显示他的非凡天资。据说，一位教师让学生将从1到100所有的数加起来。仅仅过了几分钟，高斯就给出了正确的答案：5050。这个男孩怎么能够在比别人更短的时间内得出正确答案呢？高斯说1到100总共有50组相等的数，而且每一组合计为101：

$$1+100=2+99=3+98=\cdots\cdots=48+53=49+52=50+51$$

于是，$50 \cdot 101 = 5050$。

高斯后来成了一位著作等身的科学家，因为他对一切知识都感兴趣。他的贡献种类繁多，数量惊人。他列出了正多边形可以尺规作图的条件，提出了质数分布定理，表明了代数的基本定理，计算了矮行星克瑞斯的轨道，预测了非欧几里得几何的要点，而且在分析、代数、数论、概率论以及其他纯数学分支方面取得了许多重要成就。在应用数学和应用物理方面，值得一提的是他在测绘、电力和磁力领域的研究，而且他发明了日光回照器、太阳光度仪和某种发报机。

日光回照器是高斯发明的用于大地测量的一种工具。该装置有可移动的反射镜，将太阳光反射到预定方向，从而实现测绘仪器的精确校准。

圆周率与更多概率

　　非专业但是却对圆周率痴迷的读者可能会对以下内容感兴趣。随机选择三角形的三条边，如果测量结果为 a，$b<1$ 和 $c=1$，那么 a、b 和 c 形成钝角三角形的概率为 $\frac{\pi-2}{4}$。

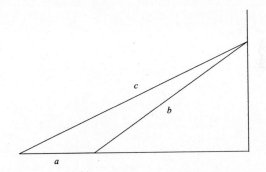

　　如果两个复数为 $x+yi$，而且 x 和 y 都是整数，我们就说这两个复数为高斯整数。高斯整数可以进行加减乘除，其结果为其他高斯整数。它们构成了代数中所谓的"力"；它们在某种程度上是超数整数，并且相互结合，与它们的最大公约数、最小公倍数和质数一起用来确定整除性。而它们互质的概率为 $6K/\pi^2$。在此，K 为高等数学中一个熟知的数，称为加泰罗尼亚常数。在正常的整数中，这个概率为 $6/\pi^2$。

第四章

带有圆周率的公式

提洛岛的祭司既没有点明也没有掩饰，
只是写下了一个符号。

赫拉克利特

有一次，开尔文勋爵在黑板上写下了一个等式：

$$\int_{-\infty}^{+\infty} e^{-x^2}\, dx = \sqrt{\pi}$$

然后对讲座的听众说道："对于数学家来说，这个等式与2+2=4 一样理所当然。"

我们不像开尔文勋爵那么博学，但还是会在本章讲一些与圆周率相关的公式。一本写满公式的书肯定会让读者望而却步，因此我们尽量减少公式而将它们集中在一章。

对于对这个话题感兴趣的人来说，这些公式中的一部分是必不可少的知识，不能省略。对其他刚接触此领域的读者来说，虽然这些公式难以理解，但值得了解一下发现这些公式所付出的努力和开创精神。

含有圆周率的表达式

有些公式涉及圆周率而且总是很容易理解，有些公式涉及物理现象，非常有趣，不过理解起来也非常困难。

以下是库仑定律，这个定律用于计算距离为 r 的两个电荷 q_1 和 q_2 之间的电动力。这里的 ε_0 表示真空电容率，是一个常量：

$$F = \frac{|q_1 q_2|}{4\pi\varepsilon_0 r^2}$$

在开普勒第三定律中，周期为 P，质量分别为 m_1 和 m_2，半长轴为 a，万有引力常数为 G：

$$\frac{4\pi^2}{G(m_1+m_2)}a^3$$

海森堡不确定性原则用于粒子的平均位置 x 和平均时间 p，这里 h 表示一个常数，称为普朗克常数：

$$\Delta x \Delta p \geq \frac{h}{4\pi}$$

宇宙常数 Λ 的公式，在这里 G 表示万有引力常数，c 表示光速，p 表示物质和辐射的密度：

$$\Lambda = \frac{8\pi G}{3c^2}p$$

物理学中还有许多涉及 π 的公式，但大多晦涩，只有专业人士才看得懂，因此我们不再继续介绍。应该指出，以上这些公式以及物理学中的其他公式并非用来计算圆周率，而是用来说明某些现象。

涉及圆周率的一些数学公式

基本公式主要与圆锥曲线相关，称为圆锥曲线是因为它们是用一个平面切割圆锥而获得的。在以下公式中，r 表示半径。

圆周的长度：

$$L = 2\pi r$$

圆的面积：

$$A = \pi r^2$$

半轴分别为 a 和 b 的椭圆的面积：

$$A = \pi ab$$

正多边形的面积，边数为 n，边长为 s：

$$A = \frac{1}{4} n s^2 \cot\left(\frac{\pi}{n}\right)$$

球体的表面积：

$$A = 4\pi r^2$$

高为 h 的圆柱体的表面积：

$$A = 2\pi r\,(r+h)$$

母线为 g 的直圆锥的表面积：

$$A = \pi r\,(r+g)$$

球体的体积：

$$V = \frac{4}{3}\pi r^3$$

半轴分别为 a、b 和 c 的椭圆体的体积：

$$V = \frac{4}{3}\pi abc$$

高为 h 的直圆柱的体积：

$$V = \pi r^2 h$$

高为 h 的直圆锥的体积：

$$V = \frac{\pi r^2 h}{3}$$

显而易见，在很多公式中圆周率都发挥着重要作用。

基本公式

　　计算机时代到来之前提出来的所有公式被称为"基本公式"。此后，数学家们将注意力主要集中在了尽可能有效地探索圆周率位数的各种方法方面。为了计算方便，数学之美之类的标准被放在了一边。在本书中，一个接一个引用公式虽然费时费力，然而可能也别无选择：

$$\int\limits_{-1}^{1} \sqrt{1-x^2}\, dx = \frac{\pi}{2}$$

$$\int\limits_{-1}^{1} \frac{dx}{\sqrt{1-x^2}} = \pi$$

$$\int_{-\infty}^{\infty} \frac{dx}{1-x^2} = \pi$$

$$\int_0^1 \frac{x^4(1-x)^4}{1+x^2} dx = \frac{22}{7} - \pi$$

$$\int_{-\infty}^{\infty} e^{-x^2} dx = \sqrt{\pi}$$

$$\int_0^{\infty} \frac{\sin x}{x} dx = \frac{\pi}{2}$$

$$\oint \frac{dz}{z} = 2\pi i$$

最后一个积分是一个复积分，并且假定它在 $z=0$ 处的积分路径为逆时针方向。

级数在圆周率出现的环境中有重要的地位：

$$\sum_{n=0}^{\infty} \frac{(-1)^n}{2n+1} = \frac{1}{1} - \frac{1}{3} + \frac{1}{5} - \frac{1}{7} + \frac{1}{9} - \cdots\cdots = \arctan 1 = \frac{\pi}{4}$$

$$\sum_{n=0}^{\infty} \frac{1}{(2n+1)^2} = \frac{1}{1^2} + \frac{1}{3^2} + \frac{1}{5^2} + \frac{1}{7^2} + \cdots\cdots = \frac{\pi^2}{8}$$

$$\sum_{n=1}^{\infty} \frac{(-1)^{n+1}}{n^2} = \frac{1}{1^2} - \frac{1}{2^2} + \frac{1}{3^2} - \cdots\cdots = \frac{\pi^2}{12}$$

$$\sum_{n=0}^{\infty} \frac{(-1)^n}{(2n+1)^3} = \frac{1}{1^3} - \frac{1}{3^3} + \frac{1}{5^3} - \frac{1}{7^3} + \cdots\cdots = \frac{\pi^3}{32}$$

而且这些级数有各种形式：

$$\frac{1}{4}(\pi-3)=\sum_{k=1}^{\infty}\frac{(-1)^{k+1}}{2k(2k+1)(2k+2)}=\frac{1}{2\cdot3\cdot4}-\frac{1}{4\cdot5\cdot6}+\frac{1}{6\cdot7\cdot8}-\cdots\cdots$$

$$\frac{\pi\sqrt{2}}{4}=1+\frac{1}{3}-\frac{1}{5}-\frac{1}{7}+\frac{1}{9}+\frac{1}{11}-\frac{1}{13}-\frac{1}{15}+\cdots\cdots$$

$$\frac{2^{24}\cdot76\,977\,927\pi^{26}}{27!}=\frac{1}{1^{26}}+\frac{1}{2^{26}}+\frac{1}{3^{26}}+\cdots\cdots$$

$$\frac{\pi}{4}=\sum_{n=1}^{\infty}\arctan\frac{1}{n^2+n+1}$$

$$\frac{11\,340}{691\pi^6}=\sum_{n\,(\text{质数})}\frac{1}{n^6}=\frac{1}{2^6}+\frac{1}{3^6}+\frac{1}{5^6}+\frac{1}{7^6}+\frac{1}{11^6}+\frac{1}{13^6}+\cdots\cdots$$

这些级数中有些与圆周率以及神秘的黎曼函数有关：

$$\zeta(2)=\frac{1}{1^2}+\frac{1}{2^2}+\frac{1}{3^2}+\frac{1}{4^2}+\cdots\cdots=\frac{\pi^2}{6}$$

$$\zeta(4)=\frac{1}{1^4}+\frac{1}{2^4}+\frac{1}{3^4}+\frac{1}{4^4}+\cdots\cdots=\frac{\pi^4}{90}$$

$$\zeta(6)=\frac{1}{1^6}+\frac{1}{2^6}+\frac{1}{3^6}+\frac{1}{4^6}+\cdots\cdots=\frac{\pi^6}{945}$$

$$\zeta(8)=\frac{1}{1^8}+\frac{1}{2^8}+\frac{1}{3^8}+\frac{1}{4^8}+\cdots\cdots=\frac{\pi^8}{9\,450}$$

$$\zeta(2n)=\frac{1}{1^{2n}}+\frac{1}{2^{2n}}+\frac{1}{3^{2n}}+\frac{1}{4^{2n}}+\cdots\cdots=(-1)^{n+1}\frac{B_{2n}(2\pi)^{2n}}{2(2n)!}$$

在最后一种情形中，B_{2n} 为伯努利数，高等数学分析中

会对它进行研究。出于好奇，我们来看最前面的几个伯努
利数：

n	0	1	2	4	6	8	10	12
B_n	1	–1/2	1/6	–1/30	1/42	–1/30	5/66	–691/2 730

仅对级数进行简单的列举并不是本书的目的。我们来看一个
简单的级数运算，看一看上表中的第一个级数是如何得到的。运
算中需要用到莱布尼茨公式，如果我们从几何级数开始

$$\frac{1}{1+x^2} = 1 - x^2 + x^4 - x^6 + x^8 - \cdots\cdots$$

这个级数当 $|x| < 1$ 时收敛，通过分布积分并利用积分计算

$$\arctan x = \arctan x - 0 = \arctan x - \arctan 0 = \int_0^x \frac{1}{1+x^2}\, dx$$

$$= \int_0^x (1 - x^2 + x^4 - x^6 + x^8 - \cdots\cdots)dx = \int_0^x dx - \int_0^x x^2\, dx + \int_0^x x^4\, dx$$

$$- \int_0^x x^6\, dx + \int_0^x x^8\, dx - \cdots\cdots = x - \frac{x^3}{3} + \frac{x^5}{5} - \frac{x^7}{7} + \frac{x^9}{9} - \cdots\cdots$$

当 $x=1$ 时，我们就接近了最终结果。由于我们已经说过，
这个级数只有当 $|x| < 1$ 时有效，为了当 $x=1$ 时计算仍然有效，
我们必须进一步进行思考。我们将这个集合级数的最原始公式
写下来，但是只考虑项数为 n-1，然后我们再写出其他公式，

并且假定项数为 n：

$$\frac{1}{1+x^2} = 1 - x^2 + x^4 - \cdots\cdots + (-1)^n x^{2n} + \frac{(-1)^{n+1} x^{2n+2}}{1+x^2}$$

从 0 到 1 逐渐积分，并且令 x 的值为 1，结果为：

$$\frac{\pi}{4} = 1 - \frac{1}{3} + \frac{1}{5} - \cdots\cdots + \frac{(-1)^n}{2n+1} + (-1)^{n+1} \int_0^1 \frac{x^{2n+2}}{1+x^2} dx$$

在这个公式中，如果采用极限 $\lim\limits_{n \to \infty}$，最后一项极限为 0，因此，

$$\arctan 1 = \frac{\pi}{4} = 1 - \frac{1}{3} + \frac{1}{5} - \frac{1}{7} + \frac{1}{9} - \cdots\cdots$$

遗憾的是，这个级数对于计算圆周率并没有什么帮助，因为它的收敛性非常小。要想得到 10 位，必须总共至少将 10^{50} 项相加，这计算量无疑是一个天文数字。自然，我们不会重复这一过程来说明每一个级数的导数。这一过程冗长曲折而令人崩溃，而且也不会揭示出任何新知识。有人将这个公式称为格雷戈里-莱布尼茨级数，实际上，这个公式应该叫作桑伽马格拉玛的马德哈瓦级数，因为是这位印度数学家首先对它进行阐述。有一个奇特的级数为：

$$\frac{\pi}{4} = \sum_{n=1}^{\infty} \arctan \frac{1}{F_{2n+1}}$$

在这个级数中，F_k 为斐波那契数，它是斐波那契数列的一部分，这个数列中每一项都是前面两项之和：

1，1，2，3，5，8，13，21，34，55，89，144，……

我们在"无穷乘积"中也能发现圆周率。下面的公式来自约翰·沃利斯：

$$\prod_{n=1}^{\infty}\frac{4n^2}{4n^2-1}=\frac{2}{1}\cdot\frac{2}{3}\cdot\frac{4}{3}\cdot\frac{4}{5}\cdot\frac{6}{5}\cdot\frac{6}{7}\cdot\frac{8}{7}\cdot\frac{8}{9}\cdots\cdots=\frac{\pi}{2}$$

它可以通过繁冗的代数运算而从积分

$$\int_0^{\pi}\sin^n x\,dx$$

推导出来。布朗克勋爵（Lord Brouncker，1620—1684）将这个公式转换成了一个连续分数。

下面的无穷乘积来自欧拉：

$$\prod_{n(\text{质数})}\frac{n^2}{n^2-1}=\frac{2^2}{2^2-1}\cdot\frac{3^2}{3^2-1}\cdot\frac{5^2}{5^2-1}\cdots\cdots=\frac{\pi^2}{6}$$

它有一个特性，只涉及质数的乘方。以下是另外一个无穷乘积，甚至更为少见，

$$\pi = \frac{2}{\prod_{k=1}^{\infty}\left(1+\dfrac{\sin\dfrac{1}{2}\pi p_k}{p_k}\right)}$$

这个公式并不涉及质数 p_k，而是一个三角函数公式。由此可见，欧拉的想象力和研究能力无穷无尽。

比萨城的莱昂纳多

这位意大利数学家有很多名字，但是在他死后人们开始称其为斐波那契（意思是斐波那契之子），我们现在记住的就是他的这个名字。他的父亲是一位商人，出国时经常带着斐波那契一起到国外游历，这种经历给斐波那契带来了国际教育，使他熟悉了印度记数系统和阿拉伯数学。斐波那契生前非常受人尊敬，还是神圣罗马帝国皇帝弗雷德里克二世的朋友。比萨城政府甚至因其成就为他提供了一份特别津贴。他关注的是实际问题，如记账、与贸易有关的数学，因此他作品的主题跟抽象的问题有一定距离。斐波那契的研究成果直到他死后300年才在世界范围内引起人们的兴趣。他最出名的著作是出版于1202年的《珠算原理》，在这本书中我们可以看到以他的名字来命名的数列，

1，2，3，5，8，13，21，34，55，89，……

在此数列中，每一项都是前两项之和。斐波那契将这个

数列运用到了关于兔子繁殖数量的难题。《珠算原理》还涉及
了其他同样类型的问题，但是斐波那契在欧洲出名是因为他
用简单明了的语言解决了一些实际问题。换句话说，人们似乎
并不在意他讨论圆周率这类抽象的问题，真正让人们感兴趣
的是他提出了应用 1、2、3、4、5、6、7、8、9 和 0 十个数
字的位置计算系统，并且他明确地向人们讲解了会计、称重、
度量、铸币以及利润分配等问题。斐波那契也写过其他书籍
研究纯数学问题，涉及几何学、方程和数论，但这些研究在
当时并没有得到应得的赞誉。

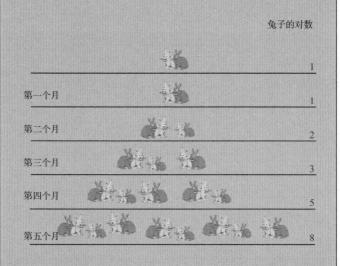

兔子的对数

第一个月 ... 1

第二个月 ... 2

第三个月 ... 3

第四个月 ... 5

第五个月 ... 8

假设兔子不会死亡，而且第一个月一对兔子没有繁殖，那么第 n 代的兔子对的
数量 F_n 遵循 $F_n = F_{n-1} + F_{n-2}$，这个 F_n 就属于斐波那契数。

以下的经典公式来自弗朗索瓦·韦达（François Viète，1540—1603），他是一位法国数学家，也有人以他的名字的拉丁语形式而称其为维雅达（Vieta）：

$$\frac{\sqrt{2}}{2} \cdot \frac{\sqrt{2+\sqrt{2}}}{2} \cdot \frac{\sqrt{2+\sqrt{2+\sqrt{2}}}}{2} \cdot \cdots = \frac{2}{\pi}$$

这个乘积形式在数学意义上非常美观，可以通过代数方法进一步升华，乔金·蒙迦马尔在 2000 年将其升级为：

$$\lim_{n \to \infty} 2^{n+1} \sqrt{\frac{2 - \sqrt{2 + \sqrt{2 + \sqrt{2 + \cdots + \sqrt{2}}}}}{n}} = \pi$$

运用现代语言，韦达公式可以归纳为以下形式：

从阿基米德所采用的三角形开始，三角形的底为 b，角 α 由高 h 以及图形中三角形的边决定。

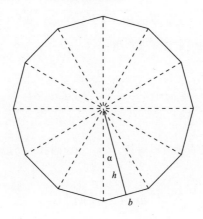

因此，我们可以得到 $A_n=n$（三角形的面积），而且运用初等三角学（顺便说一下，韦达本人也促进了三角学的发展）的工具：

$$A_n = \frac{1}{2}nr^2 \sin 2\alpha = nr^2 \sin\alpha \cos\alpha$$

根据阿基米德所采用的方法，将前页图中的多边形的边数扩大一倍，那么新多边形的边就是圆心角的一半，因此：

$$A_{2n} = \frac{1}{2}2nr^2 \sin\alpha = nr^2 \sin\alpha$$

我们就会得到以下比例

$$\frac{A_n}{A_{2n}} = \cos\alpha$$

关键就在这里，因为从这个公式开始，我们可以通过一个简单又巧妙的代数计算而得出：

$$\frac{A_n}{A_{2^k n}} = \frac{A_n}{A_{2n}} \cdot \frac{A_{2n}}{A_{2^2 n}} \cdots\cdots \cdot \frac{A_{2^{k-1}n}}{A_{2^k n}} = \cos\alpha \cos\frac{\alpha}{2} \cdot \cdots\cdots \cdot \cos\frac{\alpha}{2^k}$$

现在通过观察可以得到，当 $k \to \infty$ 时我们可以得到极限

$$\lim_{k\to\infty} A_{2^k n} = \pi r^2$$

再经过一次基本运算，可得

$$\pi = \frac{\frac{1}{2}n\sin 2\alpha}{\cos\alpha \; \cos\dfrac{\alpha}{2} \cos\dfrac{\alpha}{2^2} \cos\dfrac{\alpha}{2^3} \cdots\cdots}$$

这样就将公式简化为起始条件。角 α 最初的值是多少呢？根据韦达的方法，如果我们开始使用的是一个正方形

$$n = 4, \; \cos\alpha = \sqrt{\frac{1}{2}}$$

根据三角函数中的二倍角公式

$$\cos\frac{x}{2} = \sqrt{\frac{1}{2} + \frac{1}{2}\cos x}$$

我们最终通过另一种方法得到了所期待的表达式：

$$\pi = \frac{2}{\sqrt{\dfrac{1}{2}} \cdot \sqrt{\dfrac{1}{2} + \dfrac{1}{2}\sqrt{\dfrac{1}{2}}} \cdot \sqrt{\dfrac{1}{2} + \dfrac{1}{2}\sqrt{\dfrac{1}{2} + \dfrac{1}{2}\sqrt{\dfrac{1}{2}}}} \cdot \cdots\cdots}$$

可见韦达数学思维的灵动。

有两个公式在数学历史中占据着特殊的地位，它们被认为

是数学中的美丽王后，这两个公式分别称为欧拉公式，

$$e^{\pi i} + 1 = 0$$

和斯特林公式，

$$n! \approx \sqrt{2\pi n}\left(\frac{n}{e}\right)^n$$

对于 2 连分数来说，计算圆周率的方法有些复杂，兰伯特是首位计算这个分数的数学家，他提出：

$$\pi = 3 + \cfrac{1}{7 + \cfrac{1}{15 + \cfrac{1}{1 + \cfrac{1}{292 + \cfrac{1}{1 + \cfrac{1}{1 + \cfrac{1}{1 + \cfrac{1}{2 + \cfrac{1}{\cdots}}}}}}}}}$$

黎曼函数

这是一个带有传奇性的复变函数，用希腊字母 ζ 表示，对于这个函数的不断研究可以使人们更充分地理解质数并且解释质数的特性，按照欧拉的研究，这个函数被定义为级数以及无穷乘积：

$$\zeta(s) = \sum_{n \geqslant 1} \frac{1}{n^s} = \prod_{p(质数)} \frac{1}{1 - p^s}$$

自然这个函数定义在复数区域内，这个复数区域包含复数中大于 1 的实数部分，就像乔治·弗里德里希·伯纳德·黎曼（Georg Friedrich Bernhard Riemann，1826—1866）所表明的那样，这个函数按照某种特殊方式在单极 $s=1$ 的解析函数和亚纯函数中对于整个复数平面扩展。黎曼假设说明 ζ 的非平凡零点在复数的实数部分等于 1/2 所形成的直线上。黎曼的理论非常难以理解，同样，找出圆周率和 ζ 函数之间的关系也非常困难。后者需要研究 $\zeta(s)$ 的值，因为圆周率 π 出现在 s 的取值为整数中的偶数所对应的值中。另一个级数也很奇特，它由菲利普·弗拉若莱（Philippe Flajolet）和伊兰·瓦迪（Ilan Vardi）发现。

$$\pi = \sum_{n=1}^{\infty} \frac{3^n - 1}{4^n} \zeta(n+1)$$

还有其他不太标准的分数，它们的对称性更强：

$$\pi = \cfrac{4}{1+\cfrac{1}{3+\cfrac{4}{5+\cfrac{9}{7+\cfrac{16}{9+\cfrac{25}{11+\cfrac{36}{13+\cfrac{49}{\cdots\cdots}}}}}}}}$$

$$\pi = 3+\cfrac{1}{6+\cfrac{9}{6+\cfrac{25}{6+\cfrac{49}{6+\cfrac{81}{6+\cfrac{121}{\cdots\cdots}}}}}}$$

上面最后一个公式又叫布朗克公式。连分数的好处在于，如果在这个"塔楼"的任何一点截止，所得到的分数就是它们所表示的最理想的有理数近似值。

如果我们在圆周率的连分数的扩展表达式某一点截止，并且反方向进行计算，就可以得到最理想的有理数近似值。

什么是连分数?

学会建造连分数是一项复杂的任务,但对于理解非常有用。

假设我们使用一个非整数 N,原则上它之后有一个小数点和小数。如果我们将整数部分(我们称为 $[N]$)分开,就会得到 $N-[N]$,很明显,这个值要在 0 和 1 之间。

现在如果要求出 $N-[N]$ 的倒数 $\frac{1}{N-[N]}$,我们称之为 N_1,那么 N_1 必然大于 1,我们就会得到:

$$N-[N]=\frac{1}{N_1} \quad \text{或} \quad N=[N]+\frac{1}{N_1}$$

通过将 N_1 的整数部分分开,并且重复这个计算过程,我们将会得到第二个分数:

$$[N]+\cfrac{1}{[N_1]+\cfrac{1}{N_2}}$$

依此类推:

$$[N]+\cfrac{1}{[N_1]+\cfrac{1}{[N_2]+\cfrac{1}{N_3}}}$$

如果这个过程永不停止,我们就得到了一个分数构成的塔楼:

$$[N]+\cfrac{1}{[N_1]+\cfrac{1}{[N_2]+\cfrac{1}{[N_3]+\cfrac{1}{\cdots\cdots}}}}.$$

如果这个过程有终点，N 就是一个有理数，整数或分数，或者小数，可能是有限小数或者是循环小数。就圆周率而言，它是一个无理数，连分数就构成一个无限的塔楼。这个序列通常写作：

$$[[N]；[N_1]，[N_2]，[N_3]\cdots\cdots]$$

它表示 N 以及 N 所代表的连分数。

例如，我们分别在〔3，7，15〕处截止，我们就会得到

$$3+\cfrac{1}{7+\cfrac{1}{15}}=3+\cfrac{1}{\cfrac{106}{15}}=3+\cfrac{15}{106}=\cfrac{333}{106}\approx3.141509\cdots\cdots$$

$\dfrac{333}{106}$ 就是最理想的有理数近似值，因为任何人如果想要对它进行改进，就必须采用一个更大的分母。事实上，里瓦德在他那个时代就已经计算出了极为精确的近似值 $\dfrac{333}{106}$。

约翰·梅钦公式：$\dfrac{\pi}{4}=4\arctan\dfrac{1}{5}-\arctan\dfrac{1}{239}$　以及其他一些公式也被推导出来并用于计算圆周率的位数。以后我们会看到这些公式中的其中两个，金田康正（Yasumasa Kanada）就是利用这两个公式计算出了圆周率的前 1 241 100 000 000 位。

约翰·梅钦（John Machin，1680—1750）

这位数学家曾连续 29 年担任英国皇家协会秘书，并因为以他的名字而命名的一个公式而被载入史册。这个公式与泰勒级数结合在一起，可以用来计算圆周率的值，因为泰勒级数能够迅速收敛。今天，有许多已知的梅钦类公式，例如黄见利在 2003 年提出的公式：

$$\frac{\pi}{4}=183\arctan\frac{1}{239}+32\arctan\frac{1}{1\,023}-68\arctan\frac{1}{5\,832}+$$

$$12\arctan\frac{1}{113\,021}-100\arctan\frac{1}{6\,826\,318}-12\arctan\frac{1}{33\,366\,019\,650}+$$

$$12\arctan\frac{1}{43\,599\,522\,992\,503\,626\,068}$$

高级公式

印度数学家拉马努金在 1910 年前后提出了 16 个公式，其中的一个为：

$$\frac{1}{\pi} = \frac{2\sqrt{2}}{9\,801} \sum_{k=0}^{\infty} \frac{(4k)!(1\,103 + 26\,390k)}{(k!)^4 396^{4k}}$$

这个公式有一个非凡的特性：每多计算一项，就可以将圆周率扩大小数点后 8 位数，从而为圆周率的计算铺平了道路。然而要证明这个公式需要 75 年时间，拉马努金并没有这样的耐心。比尔·高斯珀（Bill Gosper），历史上第一位黑客，用这个公式计算了圆周率的 170 万位。这个公式有一个转化形式

$$\frac{1}{\pi} = 12 \sum_{n=0}^{\infty} \frac{(-1)^n (6n)!(13\,591\,406 + 545\,140\,134n)}{(n!)^3 (3n)!(640\,320^3)^{n+1/2}}$$

使得将位数从 8 位扩大到了 14 位。而且这个计算可以由一台以上的计算机分别来计算。

以上这个公式，得益于楚德诺夫斯基（Chudnovsky）兄弟，在 1987 年看到了曙光。我们在这里提起它是为了阐明电脑计算的迅速发展，在 21 世纪这个公式已经用于个人电脑的计算而不是用于高级计算。

这些代数公式可能看起来非常复杂，但是这一点并不能阻碍它们出现在大众视野。在迪士尼公司的电影《歌舞青春》中，这些公式中的两个被写在了黑板上，其中一个有一处错误，这个错误在情节发展过程中得以纠正，突显了写公式的角色的幽默性格。

1946 年，随着电子数字积分计算机（简称 ENIAC）的问世，微积分学中引进了计算机，然后一切都发生了变化，自然也包括圆周率的计算。电子数字积分计算机是第一台功能性电子计算机，专门用于纯数学计算。它最接近的前身是巨人计算机，由阿兰·图灵（Alan Turing, 1912—1954）在英国的布莱切利庄园用于军事目的，专门用于针对德国的秘密信息进行解码。电子数字积分计算机由约翰·普莱斯颇尔·艾科特（John Presper Eckert, 1919—1995）和约翰·威廉·莫可莱（John William Mauchly, 1907—1980）共同制造。它的大小和耗电量现在看来非常惊人：它由 100 000 多个零件组成，其中包括电阻器、继电器、二极管、真空管和电容器等。计算机总重量达 27 吨，长度超过了 30 米，运行时散发出的热量可以使室温上升到 50 摄氏度。整套设备使得它能够在一秒钟内进行大约 5 000 次加法运算，比当时的设备快一千倍（但只是现代个人电脑算力的数百万分之一）。它的存储器能够存储 200 位。它通过物理连线将不同部件连接在一起而编程——每次编程需要好几天才能完成。这是一个庞然大物，因为那时候还没有微型晶体管和微型电路。它也不符合后来的冯·诺伊曼（Von Neumann）架构，在这个架构中数据和程序存储在同一个存储器中。

斯里尼瓦瑟·拉马努金（Srinivasa Ramanujan，1887—1920）

他是迄今为止最为奇特的数学家之一。拉马努金出生在一个印度贫困家庭，仅仅通过一本简单的数学概要就开始自学数学。他给好几位著名的欧洲数学家写过信，将自己的一些研究结果（120 个定理）寄给了他们，但只收到了剑桥大学教师 G.H. 哈代（G.H. Hardy，1877—1947）的回信。一天晚上哈代阅读了他的手稿，哈代的一位同事 J.E. 利特尔伍德（J.E. Littlewood，1885—1977）当时也在场。读完后，哈代几乎难以相信自己的眼睛。信中的公式，和哈代自己所研究的类似，而且肯定是正确的，因为"没有人有足够的想象力来杜撰这些定理"。总之，拉马努金信中的定理令人惊讶，有些定理与哈代以及利特尔伍德自己所得到的结论非常相似，而其他的定理既新颖又奇特。后来，拉马努金移居到英国，最初得到了哈代的私人资助，后来又获得了剑桥大学的奖学金。他在英国非常活跃直到后来因为身患肺结核而离世。尽管他的学术成果有原创性，但是他对数学的贡献既难以评价又令人迷惑。因为在很多论文中，他并没有说明某些公式的证明过程。

个人生活方面，他信仰虔诚，并且是一位严格的素食

主义者。他最出名的经历被称为"出租车故事"，非常形象
地描画出了他的特别之处。某天，拉马努金因为肺结核而住
院，哈代去探望他。哈代说他乘出租车来到医院，具体来说
车号为 1729，哈代说他希望这不是一个不祥的数字。拉马
努金回答说："的确不是，这可能是一个可以由两个不同立
方数之和组成的最小的自然数。"这种说法是正确的，因为
$1729=9^3+10^3=1^3+12^3$，而且 1729 可能是能够说明这个特征的
最小的数。假如哈代没有花好几个星期来证明这个特征的话，
拉马努金的这一神来之笔可能会就此被埋没，而对这个问题的
彻底研究又让哈代用了将近 35 年的时间。直至今天，我们还
在继续研究这类数字，它们被称为"出租车数"。

　　电子数字积分计算机计算圆周率的前 2 037 位需要 70 小
时。下表包括年份和所获得的位数，它表明了电脑计算的里程
碑意义：

1949	D.F.弗格森（D.F. Ferguson）和约翰·W.伦奇（John W. Wrench）使用非电子计算器	1 120
1949	小约翰·W.伦奇和L.B.史密斯（L.B. Smith）已经使用电子数字积分计算机	2 037
1958	弗朗索瓦·盖路易斯（François Genuys）	10 000
1961	丹尼尔·尚克斯（Daniel Shanks）和约翰·W.伦奇	100 265
1973	珍·吉罗（Jean Gilloud）和马丁·布耶（Martin Bouyer）	1 001 250

续表

1983	金田康正和松本町后（Yasunori Ushiro）	10 013 395
1987	金田康正、价旦田村（Yoshiaki Tamura）和好伸久保（Yoshinobu Kubo）	134 214 700
1989	格雷戈里·V. 德诺夫斯基（Gregory V. Chudnovsky）和戴维·V. 德诺夫斯基（David V. Chudnovsky）	1 011 196 691
2002	金田康正和9位专家组	1 241 100 000 000
2009	高桥大辅（Daisuke Takahashi）及其助手	2 576 980 370 000
2010	法布里斯·贝拉（Fabrice Bellard）	2 699 999 989 951

1973 年，通过欧拉公式与另一个梅钦类公式相结合，吉罗和博加尔久拉尔（Boucalcular）算出了圆周率小数点后的 100 万位数。

$$\pi = 864 \sum_{n=0}^{\infty} \frac{(n!)^2 4^n}{(2n+1)!325^{n+1}} + 1824 \sum_{n=0}^{\infty} \frac{(n!)^2 4^n}{(2n+1)!3250^{n+1}} - 20 \arctan \frac{1}{239}$$

有趣的是，公式中第二项总和足以计算第一项的总和，虽然两个的小数点位数不同。无论这两个和有多大，两个和只是前面 0 的个数不同而已。

1976 年，出现了尤金·萨拉明—理查德·布伦特算法（Eugène Salamin-Richard Brent algorithm），这个算法建立在高斯和莱昂哈德的一个旧理论之上：算术和几何的连续迭代。虽然难以简单解释，我们可以说代数算法就是计算事物，这里就是圆周率 π 的过程。萨拉明和布伦特从以下的定义开始：

$$a_0 = 1; \quad b_0 = \frac{1}{\sqrt{2}}; \quad t_0 = \frac{1}{4}; \quad p_0 = 1$$

然后循环计算

$$a_{n+1} = \frac{a_n + b_n}{2}$$

$$b_{n+1} = \sqrt{a_n b_n}$$

$$t_{n+1} = t_n - p_n(a_n - a_{n+1})^2$$

$$p_{n+1} = 2p_n$$

在这个极限中，可以证明

$$\pi \approx \frac{(a_n + b_n)^2}{4t_n}$$

因为这个算法的二阶收敛性，也就是说由于需要将前一步中获得的数成倍增加，所以它的增加错综复杂，因此很难想象可以使用纸笔，甚至使用传统计算工具或者电子计算器来进行运算。然而，利用这个算法可以用计算机算出圆周率的前 206 158 430 000 位。

然而，这还不是全部。20 世纪 80 年代，彼得和乔纳森·波尔文（Jonathan Borwein）列出了一个四次算式，我们这里不再重复这个算式，因为这完全是专业人士的领域。这个算式使得圆周率达到了 1 241 100 000 000 位。

杰出的四口之家

　　所有圆周率的研究者都知道波尔文一家：一个特殊的加拿大家庭。父亲，戴维·波尔文（David Borwein，1924—　），是立陶宛人，后移民加拿大，在加拿大数学界是偶像级人物。他研究了许多领域，大多数与级数相关。大儿子乔纳森（1951—　）著作颇丰，是电脑技术方面的领军人物，对圆周率的位数情有独钟，他热爱数学教学而且开发了这一方面的特殊软件。另一个儿子彼得（1953—　）是用来计算圆周率的 BBP 公式 [为纪念发明者贝利（Bailey）、波尔文和普劳夫（Plouffe）而得名] 的创立者之一，也是一位计算机天才。乔纳森和彼得的母亲，也就是戴维的妻子，也是一位著名的科学家，不过其成就不在数学而是在解剖学方面。

　　2002 年年末，由专家金田康正领导的日本团体再次刷新了纪录。然而，这并不意味着历史的终结。这一领域的进步似乎难以止步，在 2010 年圆周率达到了 2 699 999 989 951 位。

　　回顾 1983 年，专家丹尼尔·尚克斯（不要和威廉·尚克斯混淆）认为计算出圆周率的十亿位是一个难以逾越的任务……作为历史的见证，我们这里给出金田康正所使用的两个（梅钦类）自我修正过的公式：

$$\frac{\pi}{4}=12\arctan\frac{1}{49}+32\arctan\frac{1}{57}-5\arctan\frac{1}{239}+12\arctan\frac{1}{110443}$$

$$\frac{\pi}{4}=44\arctan\frac{1}{57}+7\arctan\frac{1}{239}-12\arctan\frac{1}{682}+24\arctan\frac{1}{12943}$$

第一个公式提出于 1982 年，第二个公式提出于更早的 1896 年，最初用法语发表在《法国数学学会通报》（*Bulletin de la Société Mathématique de France*）上，作者是 F.C.W. 斯托默（F. C. W. Störmer）。在数学领域，我们永远无法知道，今天一文不值的事物也许明天就非常重要。

除了令人惊奇的纪录之外，不同寻常的计算方法也会引起人们的注意

$$\pi = \sum_{k=0}^{\infty} \frac{1}{16^k} \left(\frac{4}{8k+1} - \frac{2}{8k+4} - \frac{1}{8k+5} - \frac{1}{8k+6} \right)$$

可以计算出圆周率任何一位数而不用计算这个数位之前的任何位数。当然，令人遗憾的是这种公式只能给出二进制或者十六进制数字。以上的公式由戴维·H. 贝利、彼得·波尔文和西蒙·普劳夫提出，通常称为 BBP 公式，这一名称来自他们三人姓氏的首字母。有人认为这些公式标志着计算新纪元的开始。

法布里斯·贝拉（Fabrice Bellard，1972—　）的公式

$$\pi = \frac{1}{2^6} \sum_{n=0}^{\infty} \frac{(-1)^n}{2^{10n}} \left(\frac{-2^5}{4n+1} - \frac{1}{4n+3} + \frac{2^8}{10n+1} - \frac{2^6}{10n+3} - \frac{2^2}{10n+5} - \frac{2^2}{10n+7} + \frac{1}{10n+9} \right)$$

从 *BBP* 公式推导出来，计算速度比原来的公式快了 43%。

二进制计算使用简单的数位（0 和 1），而且已经超过了一万亿位。我们知道在第一万亿位上，数字为 0（只有 0 和 1

> ## 不用数学公式也能算圆周率?
>
> 《科学美国人》(Scientific American)专栏作家,马丁·加德纳(Martin Gardner,出生于 1914 年)是一位著名作家、魔术师、辩论家和数学家。他在 1966 年做出预言,说圆周率的第一百万位上的数应该是 5。他的预言基于《圣经》,在其中的一段经文中,描述了神秘数字 7,而第 7 个单词有 5 个字母。因此,圆周率的第一百万位(当时还是一个未知量)应该是 5。没有人相信这一预言,然而到了 1974 年,这一位计算出来了,的确是 5。马丁·加德纳声称自己根本没有用到任何数学公式。

两种可能),虽然由于算法所限,我们并不知道中间的位数是多少。获取这些关于圆周率的知识并不会占用很多资源,然而这种知识的实际应用还值得怀疑。

总之,我们可以说已经存在一些公式,使我们可以发现用任何进制所表示的圆周率的任何一位数。

公式之外

我们用一些可以被看成公式的有趣数学表达式来结束本章内容。例如,

$$i^{\,i} = e^{-\pi/2}$$

这个等式将实数域与复数域联系了起来。

以下等式将圆周率与质数世界联系了起来：

$$\frac{3}{\pi^2} = \lim_{n \to \infty} \frac{\Phi(n)}{n^2}$$

在这里

$$\Phi(n) = \sum_{k=1}^{n} \Phi(k)$$

$\varphi(k)$ 表示小于 k 并且与 k 互质的整数。

以下公式来自数论中准整数的部分。显而易见，这些数是无理数，但是当用普通计算器计算时，它们看起来像是整数。这些数与真正的整数之间的差别在于有看不见的小数位，只有精确度非常高的计算器才能够看出小数点后面一长串 0 之后还有一个数字。以下是一个数的例子，这个数接近 427，而且其中涉及圆周率。

$$427 \approx \left(\frac{\log(5\,280^3)(236\,674 + 30\,303\sqrt{61}\,)^3 + 744}{\pi} \right)^2$$

如果用常规计算器计算，这个复杂的平方的结果为 427，但如果用性能更强大的计算器进行细致计算，427 后还有 51 个 0，并且在 52 位上，不再是 0 而开始出现其他数字。

不可否认，圆周率的触角伸到了许多领域。例如古老的开普勒猜想——三维球堆的最大密度是多少？答案是：

$$\frac{\pi}{\sqrt{18}} \approx 74\%$$

第五章

圆周率痴狂症

圆周率这个数非常特别。我们已经说过它是所有数字中知道人数最多，而且也是被提及最多的数字，说它是最为出名的数也不为过。对于圆周率，以及研究者对其位数热情、激情或者说狂热导致了"圆周率痴狂症"的出现，特指痴迷于与圆周率有关的一切事物的人的表现。这种"痴狂症"介于无拘无束与严谨治学之间，走入这样的领域既令人愉悦又引人入胜。用如此多的篇幅探讨与数学几乎毫无关系的话题，也许有的读者会觉得有点小题大做，然而我想通过本章内容表达的是，事实上圆周率不仅仅是一个数字，它早已渗透于我们文化的方方面面。

圆周率辐射圈

　　商界可以看到圆周率的踪迹，比如印有字母 π 的 T 恤衫（甚至专门为宠物设计）、纽扣、袖扣、茶杯、茶壶、钟表、鼠标垫、围裙、泰迪熊、枕头、盒子、瓷砖、礼帽、海报、汽车饰物以及其他东西。

这件 T 恤衫和茶杯仅仅是展现这个著名的希腊字母的许多商品中的两个。

π

3.14159

265358979323
846264338327 95
0288419716939937 5
1058209749445923078
164062862089986280
34825342117067982 14808
651328230664709384460955058223
172535940812848111745028410270193852119
596446229489549303819644288109756659334461284756482337867
83165271201909145648566923460348610454326648213393607260249141273724587
8700660631558817488152092096282925409171536436789259036001133053054882046652138414695194
15116094330572703657595919530921861173819326117931051185480744623799627495673518857527248912279381
94951210133442775379711349995737177209310001185480744623799627495673518857527248912279381
42532530360918129933211653449872027559602364806654991198818347977535663698074265425278625518184175
746767489075497490995574877745726855110423212590267

一位眼镜商特意为圆周率这个数字的粉丝们做的海报。

　　数年前，在英国的麦田中曾经出现过很多被认为是外星人所画的图案，被称为"麦田怪圈"。有人经过调查分析后发现，一些麦田怪圈似乎是在用图形表现圆周率的数字。还有的麦田

这辆马自达 3 已经变成了一辆马自达 π。

怪圈则更加明显，直接就呈现出 π 的图案。

　　美国人拉里·肖（Larry Shaw）将每年的 3 月 14 日定为圆周率日，因为这一天按照美式写法写作 3/14 或者 3-14，正好是圆周率的前几位数。这种说法也许有些牵强附会，但是圆周率日的设定却取得了广泛的认可。

　　庆祝圆周率日的传统美食就是一个圆形的比萨饼，饼边还会装饰环绕着圆周率的数字。这种特殊的节日美食还成了各种创意的灵感源泉，例如下图这张根据比萨饼的形状设计的海报。

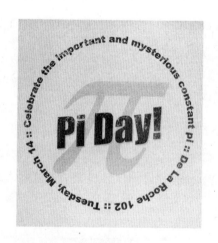

圆周率日庆祝活动的一则海报。

　　巧合的是，圆周率日正好是阿尔伯特·爱因斯坦生日的那一天，这一点无疑使庆祝活动变得更加有意义。参加者会在庆祝活动提供的食物，如奶酪或者酒，甚至香料中看到圆周率的数字或符号。

庆祝圆周率的比萨饼可以盛放在这样一个"π形"盘子当中。

在历史长河中，π这个符号已经深深地印刻在人类社会的各个方面。1915年，英国皇家空军22中队的徽章上有一个π。当谷歌公司发行股票时，第一轮登记的股票代码是14159265（注意π=3.14159265……）。在华尔街的股票交易所中可窥见谷歌的所有者的数学背景。

1982年还是计算机游戏的传奇时代，那时候现在流行的游戏主机还没有被发明，而传奇的ZX Spectrum游戏机和Dragon 32模拟器还是行业翘楚。英国的机器人公司就开发了一款出自圆周率痴迷症的游戏。这款游戏的主角就是一位名叫圆周率人的英雄。现在这款游戏早已过时，恐怕除了重度发烧友，已经没有人记得它了。

也许圆周率崇拜最令人惊奇之处是一个圆周率专用搜索引擎，它能够找到圆周率小数表达式中任意连续的数字序列。由于谷歌和必应更受人青睐，这款引擎几乎没有任何商业价值。如果想知道某日、某月及某个出生年份在圆周率无限小数位中出现的位置，只需要在圆周率的搜索页面输入该数字。如果这个数出现在前两亿位中，就有一条信息告诉你在哪里可以找到这个数。如果不在里面，也会有一条信息提示。

顺便提一下，如果输入你的出生日期的简写形式（例如将 18/11/46 输入为 181146），那么得到答案的概率几乎为 100%，如果只有四位数（例如，出生于 1/3/56 或者 1956 年 3 月 1 日），就肯定能够找到，因为到了圆周率的 60 872 位，四个数所有可能的组合都已经出现过了。然而，如果一个人更喜欢使用更完整的日期（例如，将 18/11/1946 输入为 18 111 946），找到匹配的概率就降到了 63%。数的序列越长，匹配的可能性就越低。

还有人喜欢在圆周率的小数中找到一个电话号码、汽车牌号或者任何其他数，这和寻找出生日期没有什么不同。

运用一个搜索引擎查找圆周率的小数扩展位数揭示了十分奇特的循环特征。例如，结果发现有一个循环开始的数字是"40"，出现在 70 多位，接下来是"70"等，似乎开始了一个没有尽头的系列。但实际上，它的确有尽头。丹·西科尔斯基（Dan Sikorski）发现了以下的序列：40、70、96、180、3 664、24 717、15 492、84 198、65 489、37 25、16 974、41 702、3 788、5 757、1 958、14 609、62 892、44 745、9 385、169、40。这个序列绕过许多弯路之后，又回到了起始位置。希望以后有人能对这个循环出现的频率进行研究。

诗文与助记符

　　每次说到关于圆周率的诗文，都必须提到波兰诗人维斯拉瓦·辛波丝卡（Wieslawa Szymborska），他于 1966 年获得了诺贝尔文学奖，他曾写过一首旷世佳作，题为《非凡的数字》（*The Great Number*），这首诗有多种译本，其中之一如下：

令人敬仰的数字 π：

三点一四一。

接下来所有的数字也都是第一，

五九二，因为它永无止息。

打眼看无法理解，六五三五，

经计算，八九，

七九，或者通过想象，

三二三八甚至智所难及，

四六与二六四三举世无与伦比，

世上最长的蛇约 40 英尺（合 12.192 米）对它也自叹弗如。

即使神话与传奇之中身长无限，也同样要相形见绌。

组成圆周率的数字盛宴

并不会到书的边缘不欢而散。

它跨过桌面，升到空中，

越过墙壁、叶子、鸟巢、云霄，直上苍穹，

进入深不可测、漫无边际的太空。

哦，彗星的尾巴都如此短小——短如鼠尾或如猪尾！

恒星都显得黯然无光，难以穿破无尽的太空！

在此我们看到二三一五三零零一九

我的电话号码、你的衬衫尺码，还有年份

一九七三，六层楼上

居民的人数，六十五美分

臀围，两个手指的猜谜游戏和一个代码，

在此可以找到对您的敬意，虽非鸟儿却心情欢愉，

伴随在贵妇与绅士旁边，没有任何惊慌的缘由，

即使到了天荒地老，

而数字 π 也绝不会终结停息，

依然朝着非凡的五而执着前行，

它奇特而精美的八，

远非终结的七，

轻推着，总是推着一位慢悠悠的永恒

持续前行。

　　有人还写过许多诸如此类的"圆周率颂歌"。有些圆周率痴迷者认为诗歌还不足以表达他们的仰慕之情，由此就出现了圆周率文字学，这是建立在运用诗文记忆圆周率这一基础之上的一种助记符。这些组合被称为"圆周率行文"。通常情况下，圆周率行文中的每一个单词代表圆周率的一个数字——等于单词的字母个数。因此，英文单词"天堂"（paradise）等于

8，因为这个单词有 8 个字母。"亲爱的"（honey）等于 5 因为它有 5 个字母。"亲爱的，你的双眸令我飞入天堂"（Honey, your eyes take me to paradise）仅仅是小数序列 5444228 的一个代码，而且并非要赞美恋人的美目。

HONEY，YOUR EYES TAKE ME TO PARADISE

    5   4   4   4 2 2   8

这个例子说明了记忆数字序列的助记符技巧。这些数字序列看起来很随意或者说排列纯属偶然，就像圆周率的小数位一样。想记住圆周率？那就找一些短句和诗歌并记住它们吧。虽然看起来诗文和数字没什么关系，但是诗文确实可以辅助人们记住圆周率的数字，因为诗文记忆起来比数字要容易得多。在转换时一定要记住每个词的数值就等于组成这个单词的字母数量，我们只需要数一数字母的数量。

这就将诗文化为了一种记忆圆周率的工具，因此如果一首歌可以使我们想起大量的数字，那么它的价值就并不在于它的美感而在于它的长度。以下有几个例子（其中几首风格怪异而且运用了各种各样的语言）。

圆周率（Pi）

我希望我能准确地计算出神秘的圆周率之值（I wish I could determine pi）

我已经找到了，大声叫喊的就是那伟大非凡的创造者及发明者（Eureka, cried the great inventor）

在新一个圣诞节期间，各种各样的布丁，在新一个圣诞节期间，苹果派（Christmas pudding, Christmas pie）

这个就是所面临的各种各样复杂问题的焦点与核心。（Is the problem's very centre.）

这首歌提供了圆周率小数点后 20 位数的序列：

$$3.14159265358979323846$$

另一首诗歌为我们提供了 30 位数：

先生啊，我要送给你一首奇异的诗文，朗朗上口又举世无双，（Sir, I send a rhyme excelling,）

就在庄严而神圣的事实与真相，还有那僵硬而死板的拼写法中，（In sacred truth and rigid spelling,）

那些用数字描摹刻写，美味的玉液琼浆，尽情品尝且品头评足，（Numerical sprites elucidate,）

针对自己的那些各种各样的褒扬之词，完全充分且郑重其事，（For me the lexicon's full weight,）

假如冥冥中的上天最终获胜，虽如此，我们也从来不怨天尤人（If nature gain, not you complain）

虽如此，博士约翰逊知识渊博，却也忍不住大发雷霆。
（Tho' Dr Johnson fulminate.）

$$3.14159265358979323846264338 3279$$

还有其他一些更为复杂的诗词能帮助人记住将近 80 位的小数。1986 年，一个英语的圆周率行文表示了 400 位数字。还有的文字简洁明了，所使用的词句非常容易记忆：

我现在可以拥有一个大的咖啡杯吗？（May I have a large container of coffee right now please?）

在此，最后一位（6）是四舍五入的结果，因为实际上这位应该是 5，后面接着是 8。

记住前 14 位的最常用的方法是诺贝尔奖得主爵士詹姆斯·霍普伍德·金斯（James Hopwood Jeans，1877—1946）所写的一句话：

上完了繁重的量子力学课之后，我多么想喝一杯饮料，当然是含酒精的饮料！（How I want a drink, alcoholic of course, after the heavy lectures involving quantum mechanics!）

$$3.14159265358979$$

这句话可以添加附言而进行扩展：

上完了繁重的量子力学课之后，我多么想喝一杯饮料，当然是含酒精的饮料，而且如果上课令人烦躁而疲惫不堪，那么任何稀奇古怪的想法又变成了四次方程。（How I want a drink, alcoholic of course, after the heavy lectures involving quantum mechanics and if the lectures were boring or tiring, then any odd thinking was on quartic equations again.）

但是这句话在第 32 个词汇上停了下来，明显难以说清其中的原因。许多帮助记忆的句子和诗文一定会在第 32 位小数上停止，因为这一位是零，所以用词汇来表达几乎成了一个难以逾越的障碍。在法语中，我们找到了以下的例子：

我多想把这个有用的数字教给聪明的人！（Que j'aime à faire apprendre un nombre utile aux sages!）

不朽的阿基米德，艺术家和工程师，（Immortel Archimède, artiste ingénieur,）

照你的想法，谁能估计出它的数值？（Qui de ton jugement peut priser la valeur?）

对我来说，你的问题有同样的益处。（Pour moi, ton problème eut de pareils avantages.）

许久以前，一个神秘的问题阻塞了（Jadis, mystérieux, un problème bloquait）

一个异常荣耀的过程，毕达哥拉斯（Tout l'admirable procédé, l'œuvre grandiose）

揭示给了所有古希腊人。（Que Pythagore découvrit aux anciens Grecs.）

啊，求积法！古代先哲们的痛苦（Ô quadrature! Vieux tourment du philosophe）

化圆为方，长久以来一直向（Insoluble rondeur, trop longtemps vous avez）

毕达哥拉斯和他的追随者提出挑战。（Défié Pythagore et ses imitateurs.）

怎样才能求出平面上圆形空间的面积？（Comment intégrer l'espace plan circulaire ?）

做一个面积等于它的三角形吗？（Former un triangle auquel il équivaudra ?）

新的创造：阿基米德在圆内（Nouvelle invention : Archimède inscrira）

画一个正六边形，按照半径的函数来（Dedans un hexagone ; appréciera son aire）

计算出它的面积，这样重复不断直到误差最小：（Fonction du rayon. Pas trop ne s'y tiendra :）

每个多边形都将前一个分成两个相等部分；（Dédoublera chaque élément antérieur ;）

永远接近所要计算的面积；（Toujours de l'orbe calculée approchera ;）

这个图形会确定这个极限，最终确定这个（Définira limite; enfin, l'arc, le limiteur）

令人烦恼的圆的弧的极限，这是一个过于叛逆的敌人（De cet inquiétant cercle, ennemi trop rebelle）

而老师们却满腔热情地讲解这个问题。（Professeur, enseignez son problème avec zèle. ）

这里一共给出了 126 位小数点后的数字。应该注意第 5 句中的"神秘"（法语 mystérieux ）有 10 个字母，表示难以琢磨的数字零。同理，运用九个字母以上的单词同样可以表示有零出现的其他情形。

最后说明：应用圆周率行文的时候，一定要数清楚。乔治·盖莫夫（George Gamow）是一位著名科学家，他的成就之一就是将原子物理学概念应用于恒星形成，成为这一理论的创始人之一。曾有人在《科学美国人》杂志上撰文批评他，说他错把圆周率说成 3.14158，而不是正确的 3.14159。原因在于盖莫夫是俄罗斯人，也是一位民族化的美国公民，同时通晓多国语言，他将法语版"我喜欢学什么"（ Que j'aime à faire apprendre ）这句帮助记忆圆周率的诗文拼写错了，忘记了"apprendre"这个单词中的一个"p"。

俳句在诗歌形式中具有特殊的地位，这是一种特殊的日语三行韵诗。俳句也存在于许多其他语言和国家中，圆周率也可以包含其中。有人能用英语写出涉及圆周率的俳句，它的高明之处在于可以用俳句的形式记忆圆周率，也就是俳句的一个数学变体。虽然俳句有三行并且音节结构为 5-7-5（也就是说第一行有 5 个音节，第二行 7 个音节，第三行又是 5 个音节），圆周率俳句也是一种三行韵诗，它还有一个额外的要求：它的单词的字母数等于圆周率对应的小数。

以下是一个用英语写成的圆周率俳句，记住它就可以记住圆周率的小数点后 11 位：

我能否知道一个周期，（Can I know a cycle,）

根据本质是圆形（according to nature round）

但是却永远不会完整？（and never complete?）

其他体系采用了已有的诗歌和专门的编码系统。麦克·基斯（Mike Keith）是从事这种非凡活动的大师之一。他是一位热情的圆周率狂热者，他给我们留下了埃德加·爱伦·坡（Edgar Allan Poe）所写的诗歌《乌鸦》（Raven）的一个独一无二的版本。基斯的版本称为《在乌鸦附近》（Near a Raven）。但是这并不算什么：基斯自己扩充了自己的全部作品并且写了《咔嗒依科华彩》（Cadaeic Cadenza），一部具有思想意义的戏剧，利用路易斯·卡罗尔（Lewis Carroll）、奥马尔·阿勒海亚姆（Omar al–Khayyam）、威廉·莎士比亚（William Shakespeare）和其他作者的片段对前面的诗歌进行了改写。《咔嗒依科华彩》存储了圆周率 3834 位数，的确是一项非凡的成就，其题目就以圆周率开篇（最后一位为四舍五入的结果）：

C	a	d	a	e	i	c
3.	1	4	1	5	9	3

这里采用了一种不同的方法来记忆圆周率中的数位。这是介于运动和神秘主义之间的一种活动，难以说清却真实存在。难怪许多这种爱好的开发者，真正的记忆运动员出现在《吉尼斯纪录》之中，不过有时也出现在数学书中。

记忆纪录是一个变化迅速的话题，每一个记忆者努力要打败前一任所创造的纪录。甚至在记忆专家之间还有分歧，有些目的在于记忆大量的数而其他的热衷于记忆速度。但是我们不会探究那些微妙差异。乌克兰人安德里·斯莱撒迩库克（Andriy Slyusarchuk）声称记过 3 000 万个数，虽然《吉尼斯纪录》并不认可这是一个有效的纪录。

2006 年所创造的公认的纪录为 10 万位，纪录创立者为来自日本的黑泽明原口（Akira Haraguchi）。然而，并不是只有圆周率痴迷者热衷于记忆，如果我们去看一看真正的记忆高手以及专家的名册，就会在上面发现许多国际公认的科学杰出人才的名字，例如美国的亚历山大·亚坚（Alexander Aiken）和加拿大的西蒙·普劳夫。

圆周率音乐

在音乐领域，圆周率参与的案例并不是很多，虽然数学和旋律之间有密切的关系。在西方世界准官方体系中，音阶之间的音程都是 $\sqrt[12]{2}$。还有一种更为古老的自然音节，大体上根据专家所称的"五度音程"来确定，音阶之间的值为 3/2。所有这些规定只是以下内容的前奏。

定音

西方音阶起源于毕达哥拉斯和全音阶音符（C，D，E，F，G，A，B）。毕达哥拉斯模式中的音符与琴弦的振动相对应。大体上说，在不同的频率上有不同的音符。振动的间隔（也就是音符）用音程来测量。并不像一般人所认为的那样，音程是一个频率减去另一个频率的结果，而是在两者之间的相除的结果。两个频率之间的比率是一个简单明了的分数，例如五度音阶表示一个音符与相隔 5 个音程的音符频率的比率，即 3/2。这些音程以一个八度音阶结束，然后音阶在同一个音符上重新开始，八度音阶对应分数 2/1=2。例如，如果按下钢琴上最中间的键，就会产生一个音符 A，其频率为 440 赫兹（每秒钟的波长）。按下下一个 A 键，也就是右边第 8 个白键，新的声音频率为 880 赫兹。这两个音符之间的差别（它们之间的音程）在音乐中用比率 880/440=2 来表达。

这个音程称为"八度"。由一个八度音程分开的两个音符（我们这里以 A 为例）听起来完全相同，只是波长不同。毕达哥拉斯并没有钢琴，他仅仅通过弹拨琴弦来进行验证，因为如果弹拨一根长度是另一根两倍的琴弦时，两次弹拨会产生相同的音符。

　　这种音阶的问题在于，虽然它非常适合于小提琴这样的乐器，它无法测量两个音符之间的细微差异，例如升半音和降半音之间的差异。于是人们规定了 12 个完全相等的音阶，而使升半音与降半音等于其他音符，每一个音符与邻近一个之间的振幅相差 $\sqrt[12]{2}$。结果这 12 个音符之间的音阶接受洗礼，称为平均律或者十二平均律。

　　$\sqrt[12]{2}$ 这个数值导致以下问题：是否将大小为 2 的音程进行均分以及如何通过均分频率而确定量度。要做到这一点需要在一个几何级数中建立 12 个连续的音程，这个级数的半径为 $\sqrt[12]{2}$。由 12 个音程——一个音程代表一个音符——组成的这个级数为：

$$\sqrt[12]{2}, (\sqrt[12]{2})^2, (\sqrt[12]{2})^3, (\sqrt[12]{2})^4, (\sqrt[12]{2})^5, (\sqrt[12]{2})^6, (\sqrt[12]{2})^7,$$
$$(\sqrt[12]{2})^8, (\sqrt[12]{2})^9, (\sqrt[12]{2})^{10}, (\sqrt[12]{2})^{11}, (\sqrt[12]{2})^{12} = 2$$

数量	音程											
半音音阶												
全音音阶												

半音音阶音符，从左到右：C, C#, D, D#, E, F, F#, G, G#, A, B$_b$, B, C.
全音阶中的音符为：C, D, E, F, G, A, B, C.

18 世纪时，出现了一种新的音律，在这种音律中，五度音的值为 600+300/π。查尔斯·露西（Charles Lucy, 1946— ）开发了这钟音律，所以这个音律以他的名字而命名。

圆周率在音乐上的另一个特点是悦耳动听，与学术相比更为有趣，就是可能"听"到这个数的小数。互联网上有"演奏圆周率"的程序。具体来说就是给这个常数中 10 个数中的每一个都指定一个音符。某个数每出现一次，程序就分配对应的音符然后通过扬声器演奏出来。由于圆周率的数是（或者看起来是）随机的，所以听到的是一个随机组合。很可能听众会感到枯燥无味，数越多人们越不想听，但是总有一种可能性：一段很长的随机声音听起来还颇为悦耳。在全音阶中，用 7 个纯粹的音符（不包括升半音和降半音）相互组合，可以有 7^{10} 种不同的方法来谱写出一个旋律，或者我们可以说共有 7^{10} 种重复的组合。从这些方法中，我们必须去除掉同一个音符相互重复的序列，因为这样的序列听起来特别枯燥。

电影、文学与圆周率

圆周率是大银幕上的常客，然而它们一般仅是配角，用以对某些场景增加神秘的光环，例如在由阿尔弗雷德·希区柯克（Alfred Hitchcock）导演的电影《冲破铁幕》（*Torn Curtain*）中作为逃亡者组织的代号。很少有电影探讨圆周率的数学本质，即使进行了探讨，也只是哗众取宠或者浅尝辄止，最典型的例子就是 1998 年美国导演戴伦·艾洛诺夫斯基（Darren Aronofsky）所导演的电影《π》。这部影片聚焦在天才数学家马克斯·科恩（Max Cohen）的智力探索活动上，马克斯因为沉迷于某些数字而逐渐精神错乱。影片尝试探讨数的神秘意义这个思想，这种思想类似于犹太教神秘主义体系的思想，然而自始至终影片的戏剧成分都大于严谨的数学探讨。

1997 年罗伯特·泽米吉斯（Robert Zemeckis）执导了科幻大片《超时空接触》（Contact），朱迪·福斯特（Jodie Foster）在其中饰演天文学家埃莉诺·阿罗维（Eleanor Arroway），在这部电影中，圆周率起着重要的作用。这部影片本来可以成为有关圆周率的一个大片，然而最终的电影脚本却忽视了这个常数。这部电影根据著名宇宙学家卡尔·萨根（Carl Sagan）所著的同名小说改编而成，在原著中圆周率极其重要，甚至引起了一场科学层面的大辩论。然而，此时已非彼时，一部表现学术中争论的电影可无法博人眼球。

电影《超时空接触》的主题是与地球以外文明世界的可能接触，以及这种接触可能带来的各种问题，其中最重要的是宗教问题。影片讲述的是阿罗维博士（Dr. Arroway）的冒险经历，她起初是一位负责几台无线电天文望远镜的研究员，有一天探测到了来自外层空间的某种信号，于是就制造了一种器械在宇宙构造中凿出一个"孔洞"，并借此与外星人进行接触。这些外星人向阿罗维提出，在圆周率的位数中可能隐藏着某种信息。这个在常数中隐藏的有关现实本质的某种信息甚至连外星人也难以控制，因为这是宇宙创造者的特权。

这些外星人暗示这个信息就写在圆周率的展现过程中。在圆周率的数位中有一个巨大的片段，这个片段中只包含数字 0 和 1，这些 0 和 1 可以沿着正方形的四条边放置而形成一个完整的圆。这个片段写在圆周率中，在自然界亘古未变，所以是创作者把它写在那里的吗？在下一章中，我们会讨论《超时空接触》和圆周率的小数，包括这样的正方形和由 0 组成的圆存在的可能性。

在道格拉斯·亚当斯（Douglas Adams）所著的幽默科幻经典作品《银河系漫游指南》（*The Hitchhiker's Guide to the*

1997 年，罗伯特·泽米吉斯导演了根据同名小说《超时空接触》而改编的电影，在这部电影中，外星人宣称在圆周率的小数位中隐藏着某种信息。

Galaxy）中，有一台巨型电脑向人类传达有关生命、宇宙及一切问题的答案。结果出人意料，电脑给出的回答竟然是"42"。对于一些圆周率痴迷者来说，这台电脑的回答绝非戏言，相反他们认为这个答案令人激动。他们认为 42 过于简单，因此放弃了这个数字，而是在圆周率的小数位中寻找更有创造性的组合，例如 424242。这个出现在 242423 位。不论如何几乎可以肯定的是这种脑洞大开的探索还会继续下去。

圆周率与法律

在此提到法律、立法及其相关问题似乎有点不可思议，因为表面上看它们与圆周率毫不相干，然而正如上文所说，π 几乎会出现在人类社会的所有领域中。早在 1836 年，在经历大革命之后的法国，有一位公民科学家拉–可姆（La-Comm）不仅声称圆周率等于 3.25，而且还因此得到了好几家机构的褒奖。令人称奇的是，这件事发生在数学家已经确定圆周率 100 多位数已经找到之后。

更著名的立法记录来自美国的印第安纳州。1897 年，那里的一位名叫爱德华·古德温（Edward Goodwin）的公民展示了自己在几何学方面的天资，凭借他在《美国数学月刊》（*American Mathematical Monthly*）上发表的文章（仅仅是一篇简短的摘要），他说服了州议员要批准一个新的法案（246 号法案），接下来将呈送州议会审议。

直到此时，一切似乎都很正常。问题是这条法案的内容匪夷所思，即使古德温声称它来源于无数次艰难的计算，但他的结论是：

$$\pi = \frac{16\sqrt{2}}{7} \approx 3.232$$

古德温要求将这个结论写入印第安纳州的教材中，而他则有权分享教材的版税。总之，古德温和议员们最终并没有想到一个事实：圆周率是一个超越数，因此化圆为方不可能实现，而且在过去数百年来已经算出了圆周率的 100 多位小数，而所有这些林德曼三十多年前已经做过证明。所有这些事实丝毫没有动摇印第安纳州英雄的决心。

不只一名州议员认同古德温的想法，并将法案提交给了州议会，建议对这个法案进行投票。虽然纯属偶然，然而幸运的是这件事最终停下来了。有人将法案副本给一位碰巧经过的专业人士——克拉伦斯·亚比亚他·沃尔多（Clarence Abiathar Waldo，1852—1926）教授——看，好让他为这个法案写一段简介，然而教授礼貌地表示他已经有点厌倦有人声称已经解决了化圆为方的问题。接着仔细阅读完这份副本后最终纠正了议员们的错误。从沃尔多那里听说这条法案如此荒诞之后，州议会最终并没有通过这条臭名昭著的 246 号法案。

多亏了数学教授克拉伦斯·亚比亚他·沃尔多，印第安纳州立法机构避免了在数学方面出丑。

圆周率与美术

在巴黎探索皇宫，有一条关于圆周率的雕绘彩带，显示了1873年威廉·尚克斯计算出来的600多位小数。实际上，这位卓越的英国数学家计算到了707位，然而 D.F. 弗格森1944年发现他在第528位上出现了一个错误。以下是尼古拉斯·罗斯（Nicholas Rose）写的一首纪念尚克斯的五行打油诗：

尚克斯说得很对，

他算出了圆周率707位。

没人可以否认，

巴黎探索皇宫显示圆周率小数点后 600 位的雕绘彩带。

这个尝试几乎完美，

然而错误出在第 528 位。

根据圆周率所创作的绘画作品出现在多伦多，是加拿大画家阿琳·斯坦普（Arlene Stamp）的智慧结晶。唐士维地铁站大厅有一幅巨型马赛克，由许多矩形组成，所有矩形宽度相同，相互重叠。矩形重叠的距离并不是随意的，虽然提前不知道时很难看出来。每一个矩形都遮盖着下一个，只有其中一部分露出来。假如每一个矩形的总宽度为 1，那么露出来的部分与圆周率的一个小数成正比。马赛克从 0.1 开始，这是圆周率小数点后的第一位小数，并且按照这个神奇数字位数的顺序而变化。

因为圆周率是随机的（或者看起来是随机的），没有人能够猜出放置每一个矩形所采用的次序。然而，就像当时的数学家伊瓦斯·彼德逊（Ivars Peterson）所注意到的那样，在这个明显的随机性背后其实有顺序。

亨利·阿伯特（Henry Abbott）技术学校位于康涅狄格州丹伯里，学校门口有一个高度接近 20 米的圆周率的雕塑，由雕塑家芭芭拉·格蕾古蒂斯（Barbara Grygutis）创作。每当夜晚来临，雕塑就会被照亮，不断向学生"散发"着圆周率的魅力。

在美国的另一个城市西雅图，有一座圆周率雕塑位于艺术

在多伦多的唐士维地铁站，所有着色的矩形都相同，但是它们的排列方法特殊：它们露出来的部分与圆周率的对应位数成比例，每一个瓦片都是一个屏幕，遮盖着前一个。

康涅狄格州芭芭拉·格蕾古蒂斯所创作的圆周率雕塑。

博物馆旁边港湾的台阶上。

在柏林的技术大学门口，也有一幅用马赛克拼画的 π。

还有另一种纯粹数学之美意义上的美术作品：

$$e^{\pi i} + 1 = 0$$

在一个表达式中同时组合了五个最值得注意的常数（e, π, i, 1 和 0）。它被认为是所有科学中最美妙的公式，首次提出并且证明这个公式的是瑞士数学家莱昂哈德·欧拉。

也许鲁道夫·范·科伊伦并不会同意这种观点。在完成了对圆以及有 2^{62} 条边的多边形的费力研究之后，这位德国数学家得出了圆周率的近似值，起初有 20 位小数，后来有 35 位小数。他如此痴迷、如此激情，以至于他命令死后墓碑上要刻上这个数字来启发后人。

位于莱顿的鲁道夫·范·科伊伦之墓，上面有他所计算出的圆周率的 35 位。

莱昂哈德·欧拉

　　瑞士人欧拉是历史上最杰出的数学家之一。他天资聪颖，特别是当他失明之后，继续凭借其非凡的记忆力和心算能力从事数学研究 20 年直到离世。由于受到女皇凯瑟琳二世大帝的名望以及一位瑞士同行丹尼尔·伯努利报道的吸引，他被女皇招到了俄国，并且在那里离世。从 1737 年开始，他就断断续续地生活在俄国。欧拉全部的作品（仅仅是科学著作）编辑成了一部 80 册的巨著。欧拉最终确定用希腊字母 π 来表示圆周率，同时他还引进了其他一些符号，例如用 $f(x)$ 表示变量为 x 的函数，用 i 表示虚数单位，以及常数 e 和求和符号 Σ。

　　欧拉在其他方面的贡献几乎难以尽数，在微积分、函数、数论、拓扑学、图论、物理学和天文学方面留下了难以磨灭的印记，甚至有一个小行星以他的名字来命名。他还发现过许多与圆周率有关的级数。

1957 年为纪念欧拉 250 周年诞辰苏联发行的一张邮票。

167

第六章

再谈无穷大

电脑对人类没有什么好处。它们只是能提供一些答案而已。

巴勃罗·毕加索（Pablo Picasso）

现在我们将转向圆周率的无限性，这种特质可能看起来非常平凡，而且可能并不需要像乔治·康托尔所说的那么难以想象。

诺贝尔物理学奖获得者理查德·费曼（Richard Feynman，1918—1988）在圆周率中发现了一个奇特的由连续的数字9组成的系列：

3.1415926535897	9323846264338	3279502884197	1693993751058
2097494459230	7816406286208	9986280348253	4211706798214
8086513282306	6470938446095	5058223172535	9408128481117
4502841027019	3852110555964	4622948954930	3819644288109
7566593344612	8475648233786	7831652712019	0914564856692
3460348610454	3266482133936	0726024914127	3724587006606
3155881748815	2092096282925	4091715364367	8925903600113
3053054882046	6521384146951	9415116094330	5727036575959
1953092186117	3819326117931	0511854807446	2379962749567
3518857527248	9122793818301	1949129833673	3624406566430
8602139494639	5224737190702	1798609437027	7053921717629
3176752384674	8184676694051	3200056812714	5263560827785
7713427577896	0917363717872	1468440901224	9534301465495
8537105079227	9689258923542	0199561121290	2196086403441
8159813629774	7713099605187	0721134**999999**······	

这个连续系列出现在圆周率小数点后第 762 位上，从此被称为"费曼点"。像这样由 6 个 9 排成一列的随机概率非常低，只有 0.08%。如此奇特的费曼点仅仅是圆周率的神秘特性之一。

另一个特殊之处是 0123456789 这个数列，出现在 17387594880 位。这次的发现者并不是费曼，而是一个计算机程序。

现在我们构建一个不可思议的表格，它的列、行和对角线上的数字加起来都是相同的值，例如下表中这个值就是 65：

17	24	1	8	15
23	5	7	14	16
4	6	13	20	22
10	12	19	21	3
11	18	25	2	9

这个神奇的表格由美国人 T.E. 罗贝克（T. E. Lobeck）设计。

接下来我们用圆周率的小数部分替换表格中的数字。替换规则为：表中的数字，称为 n，然后用圆周率第 n 位上的数字替换 n。例如，表第一行的第一个数，17，我们去看圆周率的第 17 位，是 2。我们将 2 替换 17，以此类推。这样我们就可以得出另一个包含圆周率数字的表格，同时我们在表的边上写下行和列上数字的总和：

2	4	3	6	9	(24)
6	5	2	7	3	(23)
1	9	9	4	2	(25)
3	8	8	6	4	(29)
5	3	3	1	5	(17)
(17)	(29)	(25)	(24)	(23)	

可以看到，所有列的总和与所有行的总和相等，看起来像是变戏法，但是在数学中没有魔法之类的东西。为什么会出现这种现象？这一点还不为所知。我们对于圆周率和无限性的理解还是太少了。

猴子、打字机和图书馆

让我们继续在人类所未知且可能永远无法知道的圆周率的领域中漫步。这趟旅程能使我们到达人类思想的顶峰以及未知世界的边缘，进入奇闻逸事和传奇故事的境界。

达尔文的思想和达尔文主义在英国传统中占有特殊的地位。《物种起源》（*The Origin of the Species*）出版后，查尔斯·达尔文冒犯了许多"右翼思想人士"，因为他的理论暗示人类的进化与动物相比别无二致。"人类是猴子的后代"是对达尔文理论的大体总结，很快成了一种生物学范式，一提到猴子就表明某种科学论战。另一方面，只要提起维多利亚时代出现的打字机，人们立刻就会产生一种与现代科技的共鸣。那么，如果将猴子和键盘两者结合起来，我们就得到了一种具有爆炸性的理论。猴子和键盘这则故事是一则经典的思维实验，将达尔文思想与现代思想紧密地结合在一起。

假如给一群猴子每猴一台打字机。假设这些猴子能不断在一张张白纸上敲打出随机的符号，而且这个过程一直持续不断。

由此就产生了所谓的"猴子—打字机猜想"，是说如果猴子们打字时间无限延长，那么它们一定能够打出某本世界名著。也就是说，如果没有时间限制，这群在键盘上打字的猴子，最后能够一个字母接一个字母地准确打出《哈姆雷特》《罗密欧与朱丽叶》，甚至《莎士比亚全集》来。

根据概率论，"几乎一定"意味着"临界"或者"概率接近于1"，在数学上有非常明确的含义。也有可能尽管等了很长很长时间，然而当我们去看猴子打出了什么东西时，会感到十分失望，因为它们还没有打出任何可读的东西。这个理论唯一有用的地方在于如果时间可以无限延长，概率会趋向于1(也就是接近百分之百)。

与这个定理相关的一个更有文学性的版本来自豪尔赫·路易斯·博尔赫斯（Jorge Luis Borges）的一部短篇小说，博尔赫斯是阿根廷作家、教师和无穷大的阐发者，我们研究宇宙的许多有远见的方法都是他提出来的。《小说集》(*Ficciones*)收录了博尔赫斯的短篇小说《巴别塔图书馆》(*The Library of*

如果时间可以无限延长，一群猴子可以打出能够想象得到的文本。

Babel），在这篇小说中，他虚构了一座囊括所有书籍的图书馆。可以将书的篇幅限定为 N 个字母或者符号，使 N 足够大可以容纳所有知识。根据博尔赫斯的描述，这座图书馆中有以书籍的形式而印刷出来的基本书写符号（各种字符、标点符号和空白词语分隔符）的排列。更准确地说，博尔赫斯想象出来的那座图书馆容纳了至少大约 $25^{1\,132\,000} \approx 1956 \times 10^{1\,834\,097}$ 册书籍。

我们在此不会给出猴子—打字机猜想的证明过程，因为证明过程太过冗长而且需要对概率论中的概念进行枯燥的说明。但总体来说，已经能够猜出这个理论的内容是正确的。假如键盘上有 60 个键。一个简单的符号序列，例如，《哈姆雷特》中的"生存还是毁灭"（To be or not to be）包含空格有 18 个字符，那么经过 n 次尝试而打不出来这一序列的概率可以表示为

$$\left(1-\frac{1}{60^{18}}\right)^{n}$$

当 $n \to \infty$ 时，整个表达式的极限为 0。为了简单明了，如果我们假设并非只有一只猴子，而是有 k 只猴子，那么极限就不会改变，但是凭直觉，我们可以推测这个过程可能会完成得更早一些。

更复杂的考虑会导致预料到的结论。从数学角度来说，给予无限长的时间，猴子最终能够打出《哈姆雷特》。任何书籍从根本上说就是由字母组成的长度有限的序列，因为字母还可能出现重复，所以序列会有一些变化。所以，如果不限定时间，无数个猴子会打出任何书来。

然而，从日常生活的角度来看，在可及的时间范围内，同样确定无疑的是这种情形不可能出现。如果猴子打出《战争与和平》所需要的时间比宇宙的年龄还要长，那么知道它们能够写出这本书还有什么意义呢？让猴子打出有意义的东西，即使不见得是莎士比亚那样的巨著，而仅仅是一个简单的句子，都

需要难以想象的时间。实际上，一位物理热力学专家告诉我们，就算打出《哈姆雷特》一书从数学上说完全有可能，但是从物理学上说是一种不可能事件。实际上，宇宙在粒子上是有限的，而且在时间上也是有限的。虽然有一个天文数字"古高尔"［数学家爱德华·卡斯纳（Edward Kasner）的侄子创造的一个术语，1古高尔等于10^{100}］的粒子和宇宙大爆炸发生在至少100亿年以前，即使猴子数量等于粒子的数量，而且宇宙中到处都是懂得高科技的会打字的猴子，它们在有史以来的宇宙中能够打印出《哈姆雷特》的概率也小得足以忽略不计。

博尔赫斯在《巴别塔图书馆》中所讲的故事更具有诗情画意，其价值非语言能够描述，以下段落是他对这个奇妙图书馆的描述：

阿根廷作家，豪尔赫·路易斯·博尔赫斯描述了一座巨型图书馆，这个图书馆每一个小房间都有同样篇幅的410本书。

一切都在它们看不见的卷帙之中。一切的一切：将来细枝末节的历史，埃斯库罗斯（Aeschylus）的《埃及王朝》（*Egyptians*），恒河水倒映出的一只猎鹰的准确次数，罗马的秘密和真实名称，诺瓦利斯（Novalis）编纂的百科全书，我在 1934 年 8 月 14 日黎明时分的梦境以及幻想，皮埃尔·费马（Pierre Fermat）定理的证明，艾德温·朱特（Edwin Drood）从未写过的章节，这些章节的加拉曼特人所说语言的译本，伯克利（Berkeley）提出但却从未发表过的关于时间的悖论，乌里森（Urizen）的铁书，斯蒂芬·迪德勒斯（Stephen Dedalus）千年没有说任何话而后早熟的顿悟，讲述巴西里德斯的诺斯底派福音，女妖塞壬唱过的歌曲，本图书馆忠实的书目，这套书目中谬误的说明等。一切的一切，但是对于每一行理性的话语或者正确的消息，都有成千上万个杂音、杂乱无章的言语及矛盾。除了一代又一代的人之外，即使没有临时书架，任何东西也都在这里，这些临时书架冲淡了日子，在这些书架上毫无秩序的生活给出了可以忍受的页面。

圆周率的无限位数

我们上文讲的内容十分轻松，但也并不像起初看起来那样与圆周率或圆周率的小数变化没有多大关系。如果给那群可爱的猴子的不是一台有几十个按键的打字机，而是一个数字键盘，我们得到的将不是随机的字母序列而是数字序列，一串数字，那不正是圆周率的范畴吗？

假设博尔赫斯所描述的图书馆中有限的文学作品（大多数仅仅是毫无意义的词汇的堆砌）里的文字都用数字代替，这样我们得到的书的内容就是有限的数字序列，从开始到结尾都是数字。

现在在这些虚构的猴子们的"作品"，或者说是博尔赫斯的笔下的书籍与圆周率的小数序列之间有一个基本区别。区别在于小说描述的是有限的虚构物，而圆周率并不是虚构出来的。它有无限的小数位，也就是说圆周率中的位数是无限的。

没有任何一个能打字的猴子可以应对圆周率，也没有任何一个图书馆，无论有多大，都可以容下圆周率和它的小数位。我们已经看了无限性的大厅，然而圆周率的进展在那里看着我们，无动于衷，也无能为力。

无法证明圆周率的正规性

圆周率是正规数吗？如果数字 0，1，2，3，4，5，6，7，8 和 9 在十进制记数法中以相同的频率出现在一个无理数小数展开位中，而且对于两个数字的组合，如 00 到 99，或者三位数字的组合，如 000 到 999 等，也是同样，那么这个无理数就是正规数。

　　另外，如果一个数用任何记数法表示都是一个正规数，那么它就是绝对正规数。

　　金田康正计算出圆周率的十亿位数后，他数了一下每一个数出现的次数。

小数中的数字	数字出现的次数
0	99 999 485 134
1	99 999 945 664
2	100 000 480 057
3	99 999 787 805
4	100 000 357 857
5	99 999 671 008
6	99 999 807 503
7	99 999 818 723
8	100 000 791 469
9	99 999 854 780
总计	1 000 000 000 000

　　金田康正所进行的位数分布分析并没有显示出什么特别不规则的特点，从而表明圆周率偏离正规数，虽然十亿位的样本可能并不能代表圆周率的全貌。

　　现在，一方面是猜测另一方面是证明，然而真实情况是虽然受到质疑，圆周率是否是正规数的问题并没有得到证明。

事实上，现在并没有证明圆周率 π，或者 e，$\sqrt{2}$，log2，甚至黄金分割（Φ）或者现在更常见的常数都是正规数。有意思的是，除了人们为了说明正规数的概念而构建出来的数以外，现在还没有证明过任何数字实际上是正规数。1916 年，波兰数学家瓦茨瓦夫·谢尔宾斯基（Waclaw Sierpinski，1882—1969）给出了第一个正规数的例子，即一个绝对正规数。

蔡廷常数：Ω=0.00787499699……测量的是一个随机选择的程序在一台图灵机上停止运行的概率。坦率地说，这个常数的定义非常复杂，因为它涉及总和计算的原理、程序的二进制单位、通用图灵机及其他知识。但实际上，Ω 也是一个正规数，即使以上的定义看起来并非如此。

正规数并不稀奇，因为它们的数量有无穷多个。正规数的无限数量相当于所有实数的数量。几乎所有的数都是正规数，现实情况是数学家很难发现它们。代数数和无理数都是正规数的说法现在还仅仅是猜测。

圆周率的不充分随机性

圆周率的随机性非常明显，然而这仅仅看起来如此。德诺夫斯基兄弟是圆周率方面的专家，他们将圆周率的位数进行了能够想象得出的所有随机性检验，每次检验结果都验证了其随机性。所谓随机数，理解起来就是那些位数看起来是随机性检验的结果，随机数通过多种不同方法进行了很长时间的检验和定义。最终安德雷·柯尔莫哥洛夫（Andrei Kolmogorov，1903—1987）的定义看起来最合理。这个定义更强调复杂性而非偶然性。对于柯尔莫哥洛夫来说，用于描述一个数的最短计算机程序越长，这个数就越复杂。显而易见，如果在描述一个数时，我们所使用的算法或者最小程序与这个数本身一样长，这个数一定非常复杂（或者说随机性非常大）。如果我们计算 N 时，给出的指令的值也是 N，那么就应该直接写出 N 并且承认我们在处理一个非常复杂、随机的数。

对于圆周率来说，并不是这样，因为有算法来计算出它的数位（提前已经知道的独立数位）；这些算法是有限的而且相对较短，所以圆周率应该并不总是随机的。例如，一个 158 个字符的计算机程序可以算出圆周率 2 400 数位。我们可以简单地说，圆周率可能是随机的但是随机性并不是很大。

数字圆周率的数位一个接一个地出现，显得很随机。没有发现什么模式或者排列形式使我们预测在这个数中的某一个位置会出现什么。的确，应用贝利-波尔文-普劳夫公式以及相似的其他公式，有许多方法可以计算出任何数字，虽然这样并不能确定任何模式或者诸如此类的东西。可以假定圆周率必然"随机性较弱"，但是没有人能够证明这一点。

如果圆周率的每一个数位序列都随机，那么这个常数一定

安德雷·柯尔莫哥洛夫

　　柯尔莫哥洛夫出生于俄罗斯的坦波夫市，其母在他出生时去世，父亲因为参与革命活动而被驱逐出境，所以他由姨母抚养长大。20世纪30年代他因为发表了《概率论基础》(*Foundations of Probability Theory*)而在国际数学界出名，他用一种公理化而又非常现代的方法阐述了自己的内容。他与自己的一个学生 V.I. 阿诺德 (V.I. Arnold, 1937—　)合作，解决了著名的希尔伯特问题中的第13个问题，名誉也随之进一步提升。(希尔伯特问题指1900年，当时世界上伟大的数学家之一戴维·希尔伯特列举出了23个尚未解决的主要问题。)柯尔莫哥洛夫研究最多的数学领域是随机现象和马尔科夫链。他最有创造性而且最困难的贡献是复杂性理论，或称为随机性理论，复杂性和随机性不过是同一个问题的两个相反的侧面。在生命的最后几年，他已经成为俄罗斯数学界一位受人尊敬的大师，但仍然坚持全身心地投入这两个概念以及应用数学的研究。

是一个正规数。但是反过来的情形通常并不正确：一个数可以是正规数但同时明显不是随机的。所谓的钱珀努恩数——后面将要探讨——是正规数但并不随机，因为有一个简单的方法能够构建出这个数。

圆周率不可及的普遍性

为了简便，我们坚持十进制记数法。宇宙数就是一个小数，它包含任何可以想象得出的数字序列。如果通过某种编码方法，我们将数字转变成字母，就可以让圆周率开口，而且在探讨它的小数表示法时发现《哈姆雷特》、这本书或者任何博尔赫斯所设想的世上所有的书。此外，还有各种命题及命题的驳论，条约及一字之差的条约备份，难以理解的胡言乱语，以及无限扩展的重复文字。每个事物都在某个地方，永远无动于衷，等待着出现和阅读。

我们简短地回顾一下卡尔·萨根和他的小说《超时空接触》。假设故事中的外星人正在寻找某种信息，这个信息来自神灵因为它在宇宙诞生的时候已经被隐藏于圆周率的小数中（用 11 进制记数法，但我们在此不再展开）。随着我们深入圆周率的展开式，也就是小数点后数百万位，就会有一串数字，这串数字如果以恰当的方式放在一个平面上就只包含 1 和 0，而且这些数字会形成一个由 1 形成的正方形表格，表格里面是一个由 0 形成的圆。

如果将圆周率的前 20 位加起来，正好等于 100。更进一步，将前 144 位加起来就等于野兽之数，即带有启示性的 666，而它就出现在《圣经》中。但是无论这些看起来多么神奇，我们都没有权利给这些巧合事件赋予意义，因为事实在于它依赖于记数系统，而记数系统是人造的系统。

戴维·嘉文·钱珀努恩（David Gawen Champernowne，1912—2000）曾设计出一个十进制的正规数。他在 21 岁时发现了后来用他的名字来命名的这个常数，那时他还是一名学生，没有取得任何学位。这是超越数同时又是正规数和宇宙数的一个例证。它的定义方式非常简单，只要按照数字的自然顺序一个接一个地写下来。

$C_{10} = 0.12345678910111213141516171819202122223\cdots\cdots$

无疑我们发现自己面对着一个宇宙数，因为 N 的任何能够想象出来的数字序列都可能在钱珀努恩数的展开式中找到。我们将它称为 C_{10}，因为这个是数学中最常见的简化形式：10 在这里表示这个数用十进制书写。此外，C_{10} 有无限变化形式，所有的变化形式与它一样都是宇宙数。我们将这个问题留给读者去想象，读者可以练习一下，来找到这些变化形式。我们应该补充一下所谓的科普兰–厄尔多斯（Copeland–Erdös）数，它跟钱珀努恩数一样都是构建出来的，虽然仅限于质数，此外也是正规数（用十进制表示）：

0 2 3 5 7 11 13 17 19 23 29 31……

从这一点来看，萨根所描述的圆周率的展开式就没什么特别了。找到只包含由 0 和 1 构成一个圆的数字并不稀奇。实际上，这样的数有无限多个，不过它们并不表示圆周与直径之间的比率，而圆周率表示这个比率。

圆周率是一个宇宙数吗？没有人知道。我们只知道所有的宇宙数都是正规数，但是这一点并没有什么大的帮助。

能够证明和不能证明的东西

捷克逻辑学家和数学家库尔特·哥德尔（Kurt Gödel，1906—1978）提出了一项非常令人震惊的证明，它第一次为人类的知识划定了范围。假设有一个逻辑体系，有自己的定理和公理，在这个体系的命题中包括基本算术，比如，传统数学，那么，这个体系的某些地方会自相矛盾吗？我们大多数人都会说："简直是废话！"那么，是否可以想象这个体系是不完整的呢？应用这个体系中的工具，我们能够拥有无法证明或者被证伪的命题吗？大多数人也会否定这一点。一个包含基础算术规则的思想领域怎么可能是不完整的呢？每一个命题或者为真或者为假，而且我们也许需要很长时间才能搞清楚，但是总有一天一切都能够搞清楚。一个典型例子是费马最后定理，虽然等待了很长的时间，但是最终得到了证明。

但是，哥德尔证明这样的一个体系或者前后矛盾或者并不完整，但不可能同时前后一致和完整无缺。如果体系完整我们就能够证实或证伪一切命题，那么在某些点上就是矛盾的，而如果体系完美，没有矛盾的阴影，那么就是不完整的。也就是说，总有某个命题无法证实或者证伪。

哥德尔让我们进入了一个奇异的境遇。伯特兰·罗素开玩笑似的将数学定义为这样一种活动，在这种活动中没有人知道

连续统假设

格奥尔格·康托尔证明过一个假设，这个假设可以这样来描述：我们称 A 为一个可数集，它的基数为 $\aleph_0$。我们将定义为 $\aleph(A)$ 的基数，而 $\aleph(A)$ 表示由数集 A 中的部分元素组成的集：

$$\#\varphi(A) = \aleph_1$$

我们现在将实数的不可数基数称为 C，并命名为实数连续统。康托尔得出了不等式：

$$\aleph_0 < C \leqslant \aleph_1$$

而且他坚定地认为在 $\aleph_0$ 和 $\aleph_1$ 之间没有基数能够存在，为此 $C = \aleph_1$，这就是连续统假设。

1963 年，美国数学家保罗·科恩（Paul Cohen，1934—2007）证明这个假设是无法确定的，因此在不改变传统数学领域任何东西的前提下可以对这个假设的真或假进行判定。

他们想要证明什么或者已经证明过的命题是否为真。哥德尔似乎已经将这种理念钉得更加牢靠。我们甚至不知道将来有一天我们是否能够证明某些东西。哥德尔定理不是空想，因为已经找到了一些无法证明的命题，其中包括所谓的连续统假设。

自然在所谓的正规数中间还没有发现无法证明的命题。如果用任何方法都无法证明的推论影响了正规数学中的其他东西（费马定理是一个典型例子），我们就不能面对哥德尔命题。

让我们来考察圆周率所提出的最后一些问题。这些问题有答案吗？没有，至少现在还没有。将来这些问题会不会有答案？也许会有。

并不是因为我们声称有关圆周率的未知事物是无法证明的。许多人认为如果肯定或否定这些未知事物不会对"常规"数学产生影响时，这些未知事物才会如此。

库尔特·哥德尔

这位出生于捷克的数学家后来移民美国并且专门研究逻辑学。在欧洲时，他和维也纳学派的学者们一起工作，而当纳粹到达时他被迫移居美国。《论〈数学原理〉及有关系统的形式不可判定命题》（*Propositions of Principia Mathematica and Related Systems*）的发表使他名声斐然。然而，这篇论文专业性太强，所以欧内斯特·内格尔（Ernest Nagel）所写

的介绍哥德尔理论的通俗性
作品《哥德尔证明》(*Gödel's Proof*)比原论文更为出名。在
论文中，哥德尔解释了他的不
完备定理，这些定理表明，如
果一个逻辑体系大得足以包括
初等算术中的公理，那么这个
系统不可能同时前后一致而且
完整无缺。论文同时证明在这
样一个体系中无法证明公理的
前后一致。这两个发现即使到
了今天也令人震惊而且给数学
领域划定了范围，这种方法和

库尔特·哥德尔和阿尔伯特·爱因斯
坦在美国新泽西普林斯顿大学高级研
究院的合影。

海森堡不确定性原理划定了物理学的范围非常相似。

　　这个成果，以及其他人追随他的成果，使哥德尔在世界科
学家中几乎成为一位神话人物。后人道格拉斯·R. 霍夫施塔特
(Douglas R. Hofstadter，中文名为侯世达)的著作《哥德尔、埃
舍尔、巴赫：集异璧之大成》(*Gödel, Escher, Bach: An Eternal,
Graceful Loop*)，收录了哥德尔的理论，如今已经成为一部经典。

　　在哥德尔的一生中，他一直被抑郁症和妄想症所折磨，
最终导致他悲剧性的死亡。他不吃没有经过妻子品尝过的任
何食物，当妻子患病被送进医院之后，哥德尔拒绝任何食物，
最终绝食而死。

第七章

圆周率的前一万位

圆周率尚未计算出的小数位仍然长眠于一个神秘的王国中，

在这个王国内，它们不完全为人所知。

在没有计算出来之前，它们并不存在；

即使被计算出来，它们也仅仅是在某种程度上成了一种现实。

威廉·詹姆斯

π =3.					小数位数
1415926535	8979323846	2643383279	5028841971	6939937510	50
5820974944	5923078164	0628620899	8628034825	3421170679	100
8214808651	3282306647	0938446095	5058223172	5359408128	150
4811174502	8410270193	8521105559	6446229489	5493038196	200
4428810975	6659334461	2847564823	3786783165	2712019091	250
4564856692	3460348610	4543266482	1339360726	0249141273	300
7245870066	0631558817	4881520920	9628292540	9171536436	350
7892590360	0113305305	4882046652	1384146951	9415116094	400
3305727036	5759591953	0921861173	8193261179	3105118548	450
0744623799	6274956735	1885752724	8912279381	8301194912	500
9833673362	4406566430	8602139494	6395224737	1907021798	550
6094370277	0539217176	2931767523	8467481846	7669405132	600
0005681271	4526356082	7785771342	7577896091	7363717872	650
1468440901	2249534301	4654958537	1050792279	6892589235	700
4201995611	2129021960	8640344181	5981362977	4771309960	750
5187072113	4999999837	2978049951	0597317328	1609631859	800
5024459455	3469083026	4252230825	3344685035	2619311881	850
7101000313	7838752886	5875332083	8142061717	7669147303	900
5982534904	2875546873	1159562863	8823537875	9375195778	950
1857780532	1712268066	1300192787	6611195909	2164201989	1 000
3809525720	1065485863	2788659361	5338182796	8230301952	1 050

193

0353018529	6899577362	2599413891	2497217752	8347913151	1 100
5574857242	4541506959	5082953311	6861727855	8890750983	1 150
8175463746	4939319255	0604009277	0167113900	9848824012	1 200
8583616035	6370766010	4710181942	9555961989	4676783744	1 250
9448255379	7747268471	0404753464	6208046684	2590694912	1 300
9331367702	8989152104	7521620569	6602405803	8150193511	1 350
2533824300	3558764024	7496473263	9141992726	0426992279	1 400
6782354781	6360093417	2164121992	4586315030	2861829745	1 450
5570674983	8505494588	5869269956	9092721079	7509302955	1 500
3211653449	8720275596	0236480665	4991198818	3479775356	1 550
6369807426	5425278625	5181841757	4672890977	7727938000	1 600
8164706001	6145249192	1732172147	7235014144	1973568548	1 650
1613611573	5255213347	5741849468	4385233239	0739414333	1 700
4547762416	8625189835	6948556209	9219222184	2725502542	1 750
5688767179	0494601653	4668049886	2723279178	6085784383	1 800
8279679766	8145410095	3883786360	9506800642	2512520511	1 850
7392984896	0841284886	2694560424	1965285022	2106611863	1 900
0674427862	2039194945	0471237137	8696095636	4371917287	1 950
4677646575	7396241389	0865832645	9958133904	7802759009	2 000
9465764078	9512694683	9835259570	9825822620	5224894077	2 050
2671947826	8482601476	9909026401	3639443745	5305068203	2 100
4962524517	4939965143	1429809190	6592509372	2169646151	2 150
5709858387	4105978859	5977297549	8930161753	9284681382	2 200
6868386894	2774155991	8559252459	5395943104	9972524680	2 250
8459872736	4469584865	3836736222	6260991246	0805124388	2 300
4390451244	1365497627	8079771569	1435997700	1296160894	2 350
4169486855	5848406353	4220722258	2848864815	8456028506	2 400
0168427394	5226746767	8895252138	5225499546	6672782398	2 450
6456596116	3548862305	7745649803	5593634568	1743241125	2 500
1507606947	9451096596	0940252288	7971089314	5669136867	2 550
2287489405	6010150330	8617928680	9208747609	1782493858	2 600
9009714909	6759852613	6554978189	3129784821	6829989487	2 650
2265880485	7564014270	4775551323	7964145152	3746234364	2 700
5428584447	9526586782	1051141354	7357395231	1342716610	2 750
2135969536	2314429524	8493718711	0145765403	5902799344	2 800
0374200731	0578539062	1983874478	0847848968	3321445713	2 850

8687519435	0643021845	3191048481	0053706146	8067491927	2 900
8191197939	9520614196	6342875444	0643745123	7181921799	2 950
9839101591	9561814675	1426912397	4894090718	6494231961	3 000
5679452080	9514655022	5231603881	9301420937	6213785595	3 050
6638937787	0830390697	9207734672	2182562599	6615014215	3 100
0306803844	7734549202	6054146659	2520149744	2850732518	3 150
6660021324	3408819071	0486331734	6496514539	0579626856	3 200
1005508106	6587969981	6357473638	4052571459	1028970641	3 250
4011097120	6280439039	7595156771	5770042033	7869936007	3 300
2305587631	7635942187	3125147120	5329281918	2618612586	3 350
7321579198	4148488291	6447060957	5270695722	0917567116	3 400
7229109816	9091528017	3506712748	5832228718	3520935396	3 450
5725121083	5791513698	8209144421	0067510334	6711031412	3 500
6711136990	8658516398	3150197016	5151168517	1437657618	3 550
3515565088	4909989859	9823873455	2833163550	7647918535	3 600
8932261854	8963213293	3089857064	2046752590	7091548141	3 650
6549859461	6371802709	8199430992	4488957571	2828905923	3 700
2332609729	9712084433	5732654893	8239119325	9746366730	3 750
5836041428	1388303203	8249037589	8524374417	0291327656	3 800
1809377344	4030707469	2112019130	2033038019	7621101100	3 850
4492932151	6084244485	9637669838	9522868478	3123552658	3 900
2131449576	8572624334	4189303968	6426243410	7732269780	3 950
2807318915	4411010446	8232527162	0105265227	2111660396	4 000
6655730925	4711055785	3763466820	6531098965	2691862056	4 050
4769312570	5863566201	8558100729	3606598764	8611791045	4 100
3348850346	1136576867	5324944166	8039626579	7877185560	4 150
8455296541	2665408530	6143444318	5867697514	5661406800	4 200
7002378776	5913440171	2749470420	5622305389	9456131407	4 250
1127000407	8547332699	3908145466	4645880797	2708266830	4 300
6343285878	5698305235	8089330657	5740679545	7163775254	4 350
2021149557	6158140025	0126228594	1302164715	5097925923	4 400
0990796547	3761255176	5675135751	7829666454	7791745011	4 450
2996148903	0463994713	2962107340	4375189573	5961458901	4 500
9389713111	7904297828	5647503203	1986915140	2870808599	4 550
0480109412	1472213179	4764777262	2414254854	5403321571	4 600
8530614228	8137585043	0633217518	2979866223	7172159160	4 650

7716692547	4873898665	4949450114	6540628433	6639379003	4 700
9769265672	1463853067	3609657120	9180763832	7166416274	4 750
8888007869	2560290228	4721040317	2118608204	1900042296	4 800
6171196377	9213375751	1495950156	6049631862	9472654736	4 850
4252308177	0367515906	7350235072	8354056704	0386743513	4 900
6222247715	8915049530	9844489333	0963408780	7693259939	4 950
7805419341	4473774418	4263129860	8099888687	4132604721	5 000
5695162396	5864573021	6315981931	9516735381	2974167729	5 050
4786724229	2465436680	0980676928	2382806899	6400482435	5 100
4037014163	1496589794	0924323789	6907069779	4223625082	5 150
2168895738	3798623001	5937764716	5122893578	6015881617	5 200
5578297352	3344604281	5126272037	3431465319	7777416031	5 250
9906655418	7639792933	4419521541	3418994854	4473456738	5 300
3162499341	9131814809	2777710386	3877343177	2075456545	5 350
3220777092	1201905166	0962804909	2636019759	8828161332	5 400
3166636528	6193266863	3606273567	6303544776	2803504507	5 450
7723554710	5859548702	7908143562	4014517180	6246436267	5 500
9456127531	8134078330	3362542327	8394497538	2437205835	5 550
3114771199	2606381334	6776879695	9703098339	1307710987	5 600
0408591337	4641442822	7726346594	7047458784	7787201927	5 650
7152807317	6790770715	7213444730	6057007334	9243693113	5 700
8350493163	1284042512	1925651798	0694113528	0131470130	5 750
4781643788	5185290928	5452011658	3934196562	1349143415	5 800
9562586586	5570552690	4965209858	0338507224	2648293972	5 850
8584783163	0577775606	8887644624	8246857926	0395352773	5 900
4803048029	0058760758	2510474709	1643961362	6760449256	5 950
2742042083	2085661190	6254543372	1315359584	5068772460	6 000
2901618766	7952406163	4252257719	5429162991	9306455377	6 050
9914037340	4328752628	8896399587	9475729174	6426357455	6 100
2540790914	5135711136	9410911939	3251910760	2082520261	6 150
8798531887	7058429725	9167781314	9699009019	2116971737	6 200
2784768472	6860849003	3770242429	1651300500	5168323364	6 250
3503895170	2989392233	4517220138	1280696501	1784408745	6 300
1960121228	5993716231	3017114448	4640903890	6449544400	6 350
6198690754	8516026327	5052983491	8740786680	8818338510	6 400
2283345085	0486082503	9302133219	7155184306	3545500766	6 450

8282949304	1377655279	3975175461	3953984683	3936383047	6 500
4611996653	8581538420	5685338621	8672523340	2830871123	6 550
2827892125	0771262946	3229563989	8989358211	6745627010	6 600
2183564622	0134967151	8819097303	8119800497	3407239610	6 650
3685406643	1939509790	1906996395	5245300545	0580685501	6 700
9567302292	1913933918	5680344903	9820595510	0226353536	6 750
1920419947	4553859381	0234395544	9597783779	0237421617	6 800
2711172364	3435439478	2218185286	2408514006	6604433258	6 850
8856986705	4315470696	5747458550	3323233421	0730154594	6 900
0516553790	6866273337	9958511562	5784322988	2737231989	6 950
8757141595	7811196358	3300594087	3068121602	8764962867	7 000
4460477464	9159950549	7374256269	0104903778	1986835938	7 050
1465741268	0492564879	8556145372	3478673303	9046883834	7 100
3634655379	4986419270	5638729317	4872332083	7601123029	7 150
9113679386	2708943879	9362016295	1541337142	4892830722	7 200
0126901475	4668476535	7616477379	4675200490	7571555278	7 250
1965362132	3926406160	1363581559	0742202020	3187277605	7 300
2772190055	6148425551	8792530343	5139844253	2234157623	7 350
3610642506	3904975008	6562710953	5919465897	5141310348	7 400
2276930624	7435363256	9160781547	8181152843	6679570611	7 450
0861533150	4452127473	9245449454	2368288606	1340841486	7 500
3776700961	2071512491	4043027253	8607648236	3414334623	7 550
5189757664	5216413767	9690314950	1910857598	4423919862	7 600
9164219399	4907236234	6468441173	9403265918	4044378051	7 650
3338945257	4239950829	6591228508	5558215725	0310712570	7 700
1266830240	2929525220	1187267675	6220415420	5161841634	7 750
8475651699	9811614101	0029960783	8690929160	3028840026	7 800
9104140792	8862150784	2451670908	7000699282	1206604183	7 850
7180653556	7252532567	5328612910	4248776182	5829765157	7 900
9598470356	2226293486	0034158722	9805349896	5022629174	7 950
8788202734	2092222453	3985626476	6914905562	8425039127	8 000
5771028402	7998066365	8254889264	8802545661	0172967026	8 050
6407655904	2909945681	5065265305	3718294127	0336931378	8 100
5178609040	7086671149	6558343434	7693385781	7113864558	8 150
7367812301	4587687126	6034891390	9562009939	3610310291	8 200
6161528813	8437909904	2317473363	9480457593	1493140529	8 250

7634757481	1935670911	0137751721	0080315590	2485309066	8 300
9203767192	2033229094	3346768514	2214477379	3937517034	8 350
4366199104	0337511173	5471918550	4644902636	5512816228	8 400
8244625759	1633303910	7225383742	1821408835	0865739177	8 450
1509682887	4782656995	9957449066	1758344137	5223970968	8 500
3408005355	9849175417	3818839994	4697486762	6551658276	8 550
5848358845	3142775687	9002909517	0283529716	3445621296	8 600
4043523117	6006651012	4120065975	5851276178	5838292041	8 650
9748442360	8007193045	7618932349	2292796501	9875187212	8 700
7267507981	2554709589	0455635792	1221033346	6974992356	8 750
3025494780	2490114195	2123828153	0911407907	3860251522	8 800
7429958180	7247162591	6685451333	1239480494	7079119153	8 850
2673430282	4418604142	6363954800	0448002670	4962482017	8 900
9289647669	7583183271	3142517029	6923488962	7668440323	8 950
2609275249	6035799646	9256504936	8183609003	2380929345	9 000
9588970695	3653494060	3402166544	3755890045	6328822505	9 050
4525564056	4482465151	8754711962	1844396582	5337543885	9 100
6909411303	1509526179	3780029741	2076651479	3942590298	9 150
9695946995	5657612186	5619673378	6236256125	2163208628	9 200
6922210327	4889218654	3648022967	8070576561	5144632046	9 250
9279068212	0738837781	4233562823	6089632080	6822246801	9 300
2248261177	1858963814	0918390367	3672220888	3215137556	9 350
0037279839	4004152970	0287830766	7094447456	0134556417	9 400
2543709069	7939612257	1429894671	5435784687	8861444581	9 450
2314593571	9849225284	7160504922	1242470141	2147805734	9 500
5510500801	9086996033	0276347870	8108175450	1193071412	9 550
2339086639	3833952942	5786905076	4310063835	1983438934	9 600
1596131854	3475464955	6978103829	3097164651	4384070070	9 650
7360411237	3599843452	2516105070	2705623526	6012764848	9 700
3084076118	3013052793	2054274628	6540360367	4532865105	9 750
7065874882	2569815793	6789766974	2205750596	8344086973	9 800
5020141020	6723585020	0724522563	2651341055	9240190274	9 850
2162484391	4035998953	5394590944	0704691209	1409387001	9 900
2645600162	3742880210	9276457931	0657922955	2498872758	9 950
4610126483	6999892256	9596881592	0560010165	5256375678	10 000

参考书目

Arndt, J., Arndt, J., Haenel, C., *Pi Unleashed,* New York, Springer, 2000

Beckmann, P., *A History of Pi,* New York, St. Martin's Griffin, 1976.

Blatner, D., *The Joy of Pi,* New York, Walker and Company, 1999.

Posamenter, A. & Lehman, I., *Pi: A Biography of the World's Most Mysterious Number*, Telangana, Orient Blackswan, 2006.